Antje Peters-Reimann

Karl Foerster – Eine Biografie

Antje Peters-Reimann

KARL FOERSTER

EINE BIOGRAFIE

„Wenn ich noch einmal auf die Welt komme, werde ich wieder Gärtner"

Inhalt

Die Blütenbälle des Zierlauchs wetteifern kontrastreich mit dem leuchtenden Mohn um die Blicke der Besucher des Bornimer Foerster-Gartens.

Karl Foerster – ein Leben für die Stauden

Ein Vorwort von Prof. Dr. Swantje Duthweiler

„Blumengärten für intelligente Faule“ – die gartenphilosophischen Ideale von Karl Foerster scheinen zeitlos zu sein. Wer möchte nicht gerne zu den Klugen gehören, die in der Hängematte auf fruchtbare Garteneinfälle warten, anstelle den ganzen Tag ohne Einfall im Garten herumzurasen? (So Foerster 1925 in „Unendliche Heimat“.) Das Geheimnis zur Reduzierung von Pflegearbeiten und -kosten liegt bei Foerster in einer Verwendung dichter Bodendecker. Mit seinen prägnanten Formulierungen erreicht Foerster auch noch 50 Jahre nach seinem Tod große Publikumsmassen und kann immer wieder für Stauden begeistern. Doch sind Stauden Elemente der Gartengestaltung, die sich nicht leicht vorhersehbar in planerische Konzepte einbinden lassen. Je nach Standort reagieren sie mitunter sehr unterschiedlich, überraschen mit ihrer Ausbreitungsstärke oder einem unerwarteten Verschwinden. Nachdem man im späten 19. und frühen 20. Jahrhundert die Staude für Garten und Parkanlagen wiederentdeckt hatte, war man auf der Suche nach Planungshilfen und vegetationskundlicher Orientierung. Und hier hatte Foerster ein großes Angebot: von herausragenden Fachbüchern, seiner gemeinsam mit Oskar Kühl und Camillo Schneider seit 1920 herausgegebenen Zeitschrift „Gartenschönheit", real erlebbaren Vergleichssortimenten auf der Freundschaftsinsel beziehungsweise in seinem Versuchsgarten in Bornim bis hin zu Kurzfilmen, wie „Verliebt in Stauden" mit Foerster als 91-Jährigem in der Hauptrolle. Doch spielen diese Entwicklungen heute überhaupt noch eine Rolle?

Zum einen ist fraglich, ob sich eine aktive Staudenverwendung ohne Karl Foersters unermüdlichen und jahrzehntelangen Einsatz überhaupt so flächendeckend in Deutschland durchgesetzt und eine solche Wirksamkeit entfaltet hätte, die bis heute anhält. Zum anderen prägte Foerster nicht nur eine Staudenverwendung, sondern vor allem ein Lebensgefühl, das zeitlos ist. Wenn er 1939 eine „großflächige Farbenmonotonie" als kalte Pracht kritisierte und die „allgemein phantasielose Pflasterung" von Beeten mit einer Sorte mit dem „Liebeslied eines Mädchens gesungen von einem Männergesangverein" verglich („Blumenzwiebelbuch"), schwingt hier ein sehr ökologisch-romantisches Ideal mit, das auch heute verstanden und gesucht wird. Nach Zeiten wirtschaftsorientierter Artenreduzierung in öffentlichen Grünflächen fördern wir derzeit wieder Insektenfutterpflanzen und naturnahe Bilder als Ausgleich für fehlende Naturerfahrungen in der Bevölkerung. Das, was man früher „Naturgartenbewegung" nannte, heißt heute „New German Style", und die Staudenverwendung Karl Foersters und die pflanzensoziologischen Einflüsse seines Schülers Richard Hansen werden derzeit international diskutiert und weiterentwickelt.

Ein wichtiger Eckpunkt war Karl Foersters Theorie der „Wildnisgartenkunst", die der Verwendung von Wildstauden den Weg bereitete. Hier war es wichtig, die artspezifische, vom Naturstandort geprägte Erscheinungsform zu berücksichtigen. Mit dem Einbeziehen von Gräser- und Farnsortimenten schuf Foerster eine praxisorientierte Grundlage für naturnahe Pflanzungen in Garten und Park. Foerster arbeitete hierbei in der Tradition der Naturgartenbewegung. Eine Grundlage dazu haben Hermann Jäger und William Robinson geschaffen. Vor allem Letzterer hatte in seinem Werk „The Wild Garden" (1870) im Sinne des künstlerisch kulturellen Aufbruchs eine Pflanzenverwendung nach physiognomischen Merkmalen idealtypischer Landschaften entwickelt. Im frühen 20. Jahrhundert war unter dem Einfluss der Lebensreform- und Wandervogelbewegung auch in Deutschland eine intensivere Naturbeobachtung und -beachtung zu verzeichnen – vergleichbar mit der aktuellen Entwicklung in Deutschland. Für Gartengestaltung und Pflanzenverwendung standen früher wie heute zunehmend Verzicht auf Repräsentation, Beschränkung auf einfache Gestaltungsmittel und Berücksichtigung der bestehenden Vegetation im Vordergrund. Allem liegt die Übertragung einer größeren Landschaftseinheit in Gärten und Parkanlagen zugrunde, die in ihrem Ansatz weit über eine einzelne Beetgestaltung hinausgeht. Im Sinne einer „Steigerung des Alltäglichen" wurden damals Landschaften – meist vorindustrielle Natur- und Kulturlandschaften – im Sinne von Robinson und Lange auf einen Ausschnitt reduziert und durch Hinzufügen eindrucksvoller Pflanzenarten gestalterisch überhöht. Foersters „Einzug der Gräser und Farne in die Gärten" (1. Auflage 1957) ist aktuell in Deutschland und international überall zu erleben. So schaffen Foersters „bronzefarbene, bläuliche, blaugrüne, stahlblaue und weißgelben" Gräser ausdauernd naturnah wirkende Pflanzungen und bringen „in die Gartenbilder das Wunder des Natürlichen".

Somit bleibt festzustellen, dass das Gedankengut Karl Foersters aktuell wieder große Aufmerksamkeit erlangt. Zahlreiche seiner Fachbücher sind in aktueller Überarbeitung durch Norbert Kühn im Handel, und Foersters Beobachtungen und Anregungen werden in die moderne Sprache und wissenschaftliche Nomenklatur „übersetzt". Insofern sind dem Leser viel Freude und wertvolle Anregungen mit diesem Lesebuch zu wünschen.

Prof. Dr. Swantje Duthweiler,
Vorsitzende der Karl-Foerster-Stiftung für angewandte Vegetationskunde

Wenn die Dahlien so prächtig im Bornimer Garten blühen, ist der Herbst nicht mehr weit.

Einleitung

Wer war Karl Foerster? Natürlich ist der Name Gartenprofis und ambitionierten Gartenlaien bestens bekannt, die das mittlere Alter erreicht oder überschritten haben. Aber wie sieht es mit den jungen Menschen aus, die sich die wunderbare Welt des Gartens gerade erst erobern? Hier wird die eingangs gestellte Frage wohl eher mit der Gegenfrage beantwortet werden: „Karl wer?“ Das ist ein trauriger Befund, zumal es in Zeiten wie diesen eigentlich gar nicht genug Gärtner vom Schlage Karl Foersters geben könnte.

In Zeiten, in denen sich immer mehr Häuser hinter grauen Schottergärten verstecken, in denen schnell hochgezüchtete Pflanzen als Massenware in Baumärkten und Lebensmitteldiscountern „verramscht“ werden, in denen Schulkinder nicht eine Baumart von der anderen unterscheiden können und in denen man sich nicht auf den Zauber einlassen mag, der von Gärten ausgehen kann, voll Angst, das grüne Paradies könne nicht „pflegeleicht“ genug sein. In Zeiten, in denen kaum noch jemand lebt, der diesen Ausnahmegärtner aus Bornim bei Potsdam noch persönlich gekannt hat.

Doch was war das Besondere an dem Menschen und Gärtner Karl Foerster, weshalb sollte man noch heute seinen Namen kennen und das, wofür er steht? Er muss ein Mensch mit einer ganz besonderen Ausstrahlung gewesen sein, denn noch Jahrzehnte nach seinem Tod bekommen diejenigen, die ihn noch gekannt haben, eine weiche Stimme und glänzende Augen, wenn sie seinen Namen hören. Allein mit Zitaten aus Foersters Büchern ließe sich schon ein tiefgründiges Buch füllen. Liest man seine Bücher und Zeitschriftenartikel, vermittelt sich der Eindruck einer sehr komplexen Persönlichkeit, deren Vielschichtigkeit sich nur begrenzt erschließen lässt. Und so können wir, die wir Foerster nicht mehr kennenlernen durften, uns ihm nur in kleinen Schritten annähern. Indem wir uns mit den verschiedenen Facetten und Arbeitsfeldern seines Lebens beschäftigen, kann eine solche Annäherung gelingen. Und sie kann gleichzeitig Lust machen, sich auf diesen ungewöhnlichen Menschen einzulassen, der der Welt des Gartens so viele wunderbare Pflanzen geschenkt hat und der so viele Menschen zu besonderen Persönlichkeiten geformt hat, ohne die unsere Gartenkultur so viel ärmer wäre.

Nach einem Überblick über das Leben Karl Foersters nähern wir uns seiner Person und seinem Schaffen aus unterschiedlichen Blickwinkeln. Jedes (Unter-)Kapitel in diesem Buch soll aber für sich gelesen werden können, daher wiederhole ich bewusst einige Aspekte und Zitate an geeigneter Stelle. Und weil mir das Präsens lebendiger erscheint, schildere ich Vergangenes oft in der Gegenwartsform, springe zwischen damals und heute. Der Platz zwischen zwei Buchdeckeln ist natürlich begrenzt – und so müssen viele Geschichten über Karl Foerster leider unerzählt bleiben, doch ich würde mich freuen, wenn das Büchlein den einen oder anderen dazu anregen würde, sich noch tiefer und eingehender mit diesem großen Gärtner zu befassen.

Ich danke allen, die mir ihre kostbare Zeit für meine vielen Fragen rund um Karl Foerster geschenkt und meine Recherchen so engagiert unterstützt haben: Dr. Konrad Näser, Andreas Gaedt, Wolfgang Kautz, Prof. Swantje Duthweiler, Prof. Norbert Kühn, Prof. Cassian Schmidt, Dr. Clemens Alexander Wimmer, Ines Hübner, Wolfgang Härtel, Jörg Näthe, Thoralf Goetsch, Kristina Scheller, Jonas Reif, Alexandra Musiolek, Petra Pelz,

Die Familie Foerster um 1880: die Eltern Wilhelm und Ina Foerster mit den Kindern Friedrich Wilhelm (rechts), Hulda (links), Karl (auf dem Schemel sitzend) und Ernst (auf dem Schoß der Mutter).

Dieter Gaißmayer und Felix Merk. Mit ihnen allen gesprochen zu haben, erfüllt mich mit großer Dankbarkeit und hat in mir tiefe Hochachtung vor dem Vermächtnis von Karl Foerster wachsen lassen!

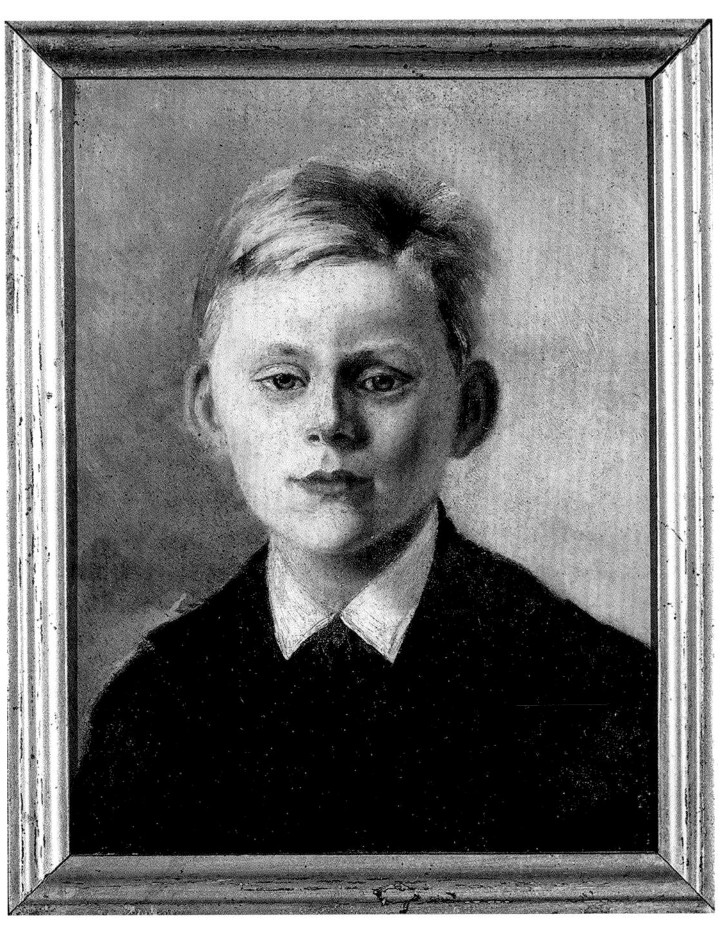

Dieses Gemälde vom jungen Karl Foerster stammt von seiner Mutter Ina, die selbst eine talentierte Malerin war. In jungen Jahren schwankte Karl nach eigenen Angaben „zwischen drei Berufen: Seefahrer, Maler, Gärtner“. Im Kreise seiner Familie wuchs er behütet in der Berliner Sternwarte auf.

Das Foto aus dem Jahr 1893 zeigt den jungen Karl Foerster in seiner Zeit als Gärtnergehilfe. Seine Gärtnerlehre absolvierte er in der Schlossgärtnerei zu Schwerin, danach zog es ihn zum weiteren Lernen unter anderem ins Schloss Altenstein, nach Geisenheim, ins italienische Bordighera und nach Ahrensburg bei Hamburg.

Ein Leben für die Stauden

Am 9. März 1874 erblickt Karl Foerster als Carl August Foerster in der Königlichen Sternwarte zu Berlin das Licht der Welt. Er ist das dritte Kind des Direktors der Sternwarte, des Astronomen und Physikers Wilhelm Julius (1832–1921), und der Malerin Ina Foerster, geborene Paschen (1848–1908). Er wächst behütet in einem großbürgerlichen Haushalt auf, erlebt mit den Geschwistern Friedrich Wilhelm (1869–1966), Hulda (1872–1958), Ernst (1876–1955) und Martha (1886–1972) eine glückliche Kindheit, die von Kunst, Musik und der Lektüre der Werke der großen Dichter und Denker geprägt ist. Die Kinder werden weniger im Geist der Unterweisungen aus Bibel und Katechismus erzogen, stattdessen liest man ihnen eher die Heldensagen des klassischen Altertums vor. In dem Essay „Elternhaus in der Sternwarte" beschreibt Foerster diese prägende Zeit: „Der früheste und stärkste geistige Strom, der in unseren Kindheitsjahren von Vater und Mutter auf uns ausging, hatte die Gestalt einer wahrhaft seligen Fröhlichkeit, die wir schon vom fünften Jahr ab deutlich empfanden."

Die Gartenleidenschaft versucht die Mutter in den Kindern zu wecken, indem sie jedem von ihnen die Verantwortung für ein eigenes Gärtchen auf dem Grundstück der Sternwarte gibt. Ob hier wohl schon Karls spätere Gartenleidenschaft geweckt wurde? Es ist zu vermuten. Denn unmittelbar nach dem Besuch des Berliner Friedrich-Wilhelm-Gymnasiums schlägt er einen Weg ein, der damals in großbürgerlichen Kreisen als äußerst unpassend, zumindest aber als sehr ungewöhnlich angesehen worden sein muss: In der Schlossgärtnerei zu Schwerin – seine Großmutter mütterlicherseits stammt von dort – macht er von 1889 bis 1891 eine Gärtnerlehre. „Lange schwankte ich zwischen drei Berufen: Seefahrer, Maler, Gärtner", schreibt er später über seine jugendlichen Überlegungen zur Berufswahl – seine früh erwachte Liebe zu den Pflanzen trägt schließlich den Sieg davon. Seiner Mutter, die sich Sorgen macht wegen der schweren körperlichen Arbeiten, die ihr Sohn während der Gärtnerlehre zu leisten hat – er muss unter anderem Torf für das Heizen der Gewächshäuser tragen –, antwortet er in einem Brief: „Was traust Du mir eigentlich in Betreff auf das Torfkarren alles zu, liebe Mama? ... Solche Arbeiten muß ich nun mal in Kauf nehmen. Als Gärtner werde ich viele solcher Dinge thun müssen. Und schließlich ist diese Arbeit nicht einmal so ganz außer Zusammenhang mit Gärtnerarbeit, denn sieh mal, wenn ich einmal Leute unter mir habe, werden dieselben wahrscheinlich auch diese Arbeit thun müssen, und dann kann ich doch Zeit und Mühe beurteilen!" Doch die Sorge der Mutter ist nicht unbegründet: In der Schweriner Zeit zieht sich ihr groß gewachsener Sohn ein Rückenleiden zu – es wird ihm Zeit seines Lebens starke Schmerzen einbringen.

Nach den ebenso lehrreichen wie anstrengenden Jahren in Schwerin besucht Foerster für ein Jahr die renommierte Gärtnerlehranstalt in Potsdam-Wildpark, die er jedoch ohne Abschluss verlässt. Grund für seinen Weggang ist möglicherweise die dort noch bis über die Jahrhundertwende hinaus gelehrte Lenné-Meiersche Schule, mit der er wenig anzufangen weiß: „Die Gärten gefielen mir nicht", denn dort „kämpfte deutscher Jugendstil mit Massen von Hecken und Lattengerüsten gegen den mißverstandenen Landschaftsstil falscher Maßstabsverjüngung, der von monströsen Teppichbeeten" (Glückliches durchbrochenes Schweigen, S. 100).

Nach dieser Enttäuschung folgt eine zehnjährige Lehr- und Wanderzeit: Es zieht Foerster unter anderem als Gehilfen ins Schloss Altenstein bei Bad Liebenstein, in die Gärtnerische Lehranstalt nach Geisenheim und zum Gartenarchitekten Ludwig Winter ins italienische Bordighera sowie in die renommierte Staudengärtnerei Nonne & Hoepker nach Ahrensburg bei Hamburg. Immer wieder muss er diese Phasen durch Kur- und Heilaufenthalte unterbrechen: „Körperlich geht's mir wieder ganz schlecht, eigentlich ununterbrochen Beschwerden. Das Gestalten eines Briefes ist mir eine ganz außerordentliche Anstrengung", schreibt er in einem Brief. Dies wird übrigens einer der wenigen Sätze sein, in denen sich Karl Foerster während seines langen Lebens über seine Krankheit äußert – den Kopf hängen zu lassen ist nicht seine Sache, ein unbeugsamer Optimismus wird ihn sein Leben lang begleiten und alle faszinieren, die ihn kennenlernen.

Wenn es die nun einmal nicht abwendbaren Schmerzen zulassen, erschließt sich Foerster die faszinierende Welt der Alpen, aber auch die Küstenlandschaften der Ostsee, wandernd und über die Schönheit der Natur staunend, und fasst dort neuen Mut: „Und hier in dem gewaltigen und doch so lieblichen Glarner Tal bin ich zum zweiten Mal geboren worden", heißt es in einem in späten Jahren von ihm selbst verfassten Lebenslauf. Die Begeisterung über das Gesehene lässt ihn immer wieder zur Kamera greifen, eine Leidenschaft, die ihn sein ganzes Leben nicht mehr loslassen wird. Doch seine größte Leidenschaft – und diese entwickelt und verfestigt sich in diesen Jahren des Reisens und Dazulernens – gilt der Welt der Stauden. „Meine Hinneigung zur Staudenwelt war durch das Landschaftserlebnis entstanden. Sie kam eigentlich aus einer Waldwiesenstunde zwischen Herbstzeitlosen, die im wundervoll fahlen Oktobersonnenschein standen. Die Stauden schienen mir in Landschaftsvordergründen Zünder für die feinsten Jahreszeit- und Landschaftserlebnisse und boten die augenscheinliche Möglichkeit, in die kahlen Böden der Gärten Teppiche zu rollen. Allmählich war das alles, verstärkt durch Beobachtungen in

Seine erste eigene Gärtnerei baute Karl Foerster in den Jahren 1903 bis 1907 im elterlichen Garten in Berlin-Westend auf. Tatkräftig wurde er dabei insbesondere von seiner Mutter Ina und seiner Schwester Martha unterstützt. Im Bild begutachtet Foerster gerade die Jungpflanzen im Frühbeet.

Gärtnereien, so deutliches Lebensprogramm geworden, daß nun auch praktisch mit einer kleinen Gärtnerei angefangen werden mußte."

Sein eigener Herr

Fast 30-jährig beginnt Karl Foerster 1903 seine Selbstständigkeit – und zwar im Garten des neuen elterlichen Domizils in Berlin-Westend. Professor Wilhelm Foerster hat im Frühjahr die Leitung der Berliner Sternwarte aus Altersgründen niedergelegt und ist mit seiner Familie in ein Haus in der Ahornallee gezogen; das große Gartengrundstück hinter dem Haus bietet Platz für eine kleine Staudengärtnerei. Die Kinder der Nachbarsfamilie Lepsius sind anfangs empört, dass für das neue Unternehmen Bäume fallen müssen: „Was musste das für ein gräßlicher neuer Nachbar sein, der unseren Kiefernwald, unsere schönen Wiesen zerstörte", erinnert sich Monika Lepsius-Berenberg. Doch bald schon sind die Kinder von dem großen Mann wie verzaubert: „Eine neue Welt von Farben und Formen tat sich mir auf. Karl Foerster forderte glühende Farben, wetterfesten Wuchs, malerische Wirkung im Raum ... Das Wunder geschah: Es wuchsen Blumen, die sonst nur in Märchengärten gediehen ..., Rispen wie Türme, ein Rausch von Blau" (Foerster 2009, S. 99).

Ja, es ist kein reiner Blumenverkauf beim Sohn des berühmten Astronomen – von Anfang an stürzt sich der junge Mann auf die Züchtung neuer, bislang so nicht gekannter Stauden. Und auf die Vermittlung von Pflanzenwissen: Für die ersten Werbeanzeigen von Foersters Gärtnerei werden die Nachbarskinder direkt neben Riesenstauden fotografiert, quasi zum Größenvergleich. Der große Mann lehrt die Kleinen jetzt schon (wie später seine begeisterten Leser), die Bedeutung der einzelnen Farben der Blumen für den Garten zu erkennen und wertzuschätzen, und begeistert sie für alle Tätigkeiten im Garten. Die Gärtnerei ist dabei keine rein nüchterne Zucht- und Verkaufsgärtnerei – alles muss auch den strengen ästhetischen Ansprüchen des Gärtners genügen: Es ist ein Rausch von Farben, Formen und Düften, sogar einen Steingarten legt Foerster hier bereits an, und auch ein kleines Treibhaus wird errichtet. Der junge Gärtner liefert die Pflanzen persönlich mit seinem „Drahtesel" an die Kunden.

Neben seinen unmittelbar gärtnerischen Aufgaben beschäftigt sich Karl bereits zu diesem frühen Zeitpunkt intensiv mit der Pflanzenfotografie, was sein ohnehin nicht sehr großes finanzielles Polster arg strapaziert. Die kleine Gärtnerei ist eine Mammutaufgabe, Mutter und Schwester packen kräftig mit an, sie erledigen die Buchführung, sammeln Samen und sortieren Pflanzen, außerdem werden die qualitätsvollen Zeichnungen der Mutter zur Illustration der Gärtnereikataloge verwendet. Ein Arbeiter hilft Foerster bei den schwersten Tätigkeiten – und bildet sein ganzes Personal. „Wenn er betrunken war, was nicht gerade selten vorkam, so war eben ‚das ganze Personal' besoffen", berichtet Foersters Schwester Martha. Der junge Gärtner macht sich bald einen Namen und wird immer häufiger zu Gartenberatungen hinzugezogen, der Start in die Selbstständigkeit ist unter dem großen Einsatz der gesamten Familie Foerster geglückt.

Das Motto lautet: Wachsen

Da Berlin zu Beginn des neuen Jahrhunderts aus allen Nähten platzt und neue U-Bahn-Anschlüsse gebaut werden, muss Familie Foerster dem Berliner Westend den Rücken kehren: Es gilt, ein neues Gelände für die aufstrebende Gärtnerei zu finden. Auf seinen Erkundungszügen durch die Region stößt Karl Foerster auf ein geeignetes Ackergelände in Bornim bei Potsdam. Schnell wird er sich mit dem Besitzer einig und der Umzug von Gärtnerei und Familie ist zu bewerkstelligen, doch ohne die geliebte Mutter, denn die begabte Malerin ist bereits 1908 gestorben. Viele Hindernisse sind aus dem Weg zu räumen, um auf dem Kartoffel- und Getreideacker eine Gärtnerei erstehen zu lassen.

Der Umzug 1910/11 nach Bornim verläuft wie folgt: Foerster sitzt noch daheim im Berliner Studierstübchen und schreibt an seinem ersten Buch „Vom Blütengarten der Zukunft", Schwester Martha regelt das Praktische quasi allein. So und ähnlich wird es auch im künftigen Leben des großen Gärtners gehen: Foerster entwickelt die genialen Ideen zur Pflanzenzüchtung und -auswahl und diktiert seine Bücher, Aufsätze und Vortragskonzepte, andere werden seine Pläne in die Realität umsetzen und seine Diktate in die endgültige Form fertiger Bücher, Vortragsmanuskripte und Zeitschriftenaufsätze bringen.

Am neuen Standort in Bornim müssen auf die Schnelle ein Wohnhaus für die Familie, verschiedene Gärtnereigebäude, Gewächshäuser und Packschuppen aus dem Boden gestampft werden. Das Geld stellt wohl größtenteils die Familie zur Verfügung, aber die Anfänge in Bornim sind dennoch schlicht: „Wie kümmerlich war das alles, denn Karl Foerster begann ja mit geliehenem Geld. Er baute sehr billig, die brillianten Kostenanschläge von Muthesius und Mies van der Rohe konnte er sich nicht leisten", steht in dem von Foerster selbst verfassten Lebenslauf zu lesen.

Ganz so ärmlich sieht es dann in Wirklichkeit doch nicht aus, entstehen doch vor Ort ein bildhübsches Wohnhaus im Landhausstil und der berühmte Senkgarten, der bereits alles vorwegnimmt, was zu einem Garten à la Foerster gehört: Blütenstauden und Zwiebelpflanzen, Gräser, Farne und Gehölze, gerahmt von einer Kulisse aus Bäumen und einer Rosenpergola. Gemeinsam mit dem ersten Obergärtner Emil Pusch legt Foerster diesen Garten an, bei dessen Gestaltung Anregungen von Gartenarchitekt Willy Lange (1864–1941) eingeflossen sein sollen. Schon bald gelingt es Foerster, eine Schar begeisterter junger Gärtner und auch Gärtnerinnen – diese Berufswahl ist für Frauen in dieser Zeit noch sehr ungewöhnlich – für sein Unternehmen zu gewinnen. Sie alle fühlen sich von der charismatischen Art Foersters angezogen, der so kundig, aber eben auch mitreißend über Pflanzen zu reden versteht. All die jungen Menschen, die nach Bornim kommen, erliegen der Faszination, die von Foerster ausgeht. Sie wollen daran mitwirken, seine Vorstellung von neuen Staudentypen, einer neuen Art von Staudenverwendung, kurz, von neuen Gärten Wirklichkeit werden zu lassen! In den folgenden Jahren und Jahrzehnten werden viele in Bornim den Beruf des Gärtners lernen, die später selbst berühmte Gärtner, Staudenzüchter und Gartengestalter werden und wieder andere mit dem „Gartenvirus" infizieren.

Der erste Bornimer Staudenkatalog erscheint 1911 mit 290 verschiedenen Stauden, bereits in Farbe gedruckt. Die Auslieferung der bestellten Waren an die Kunden erfolgt jetzt mit einem kleinen Fuhrwerk, das von den beiden Eseln mit Namen Tristan und Isolde gezogen wird – die Herkunft aus einem künstlerischintellektuellen Hause lässt sich eben nicht verleugnen! Da die Nachfrage der Kunden sehr groß ist, reichen die eigenen Pflanzenbestände nicht aus, es muss zugekauft werden. Wie sich Foerster die Verwendung von Stauden in den Gärten denkt, können sich die Kunden unmittelbar in den Schauanlagen der Gärtnerei ansehen.

Als erst die Grundlagen der Gärtnerei in Bornim gelegt sind und sich die Arbeits- und Tagesabläufe eingespielt haben, beginnt eine sehr aktive, züchterisch und literarisch fruchtbare Phase im Hause Foerster. Eine seiner ersten erfolgreichen Züchtungen entsteht in dieser Zeit: der Rittersporn *Delphinium elatum* 'Arnold Böcklin' – das Blau, das der Maler Arnold Böcklin in seinen Gemälden verwendete, fasziniert Foerster Zeit seines Lebens. Der junge Gärtner reist viel im Land umher, um andere Staudengärtner zu besuchen und Kunden hinsichtlich der Anlage ihrer Gärten zu beraten. Seine Begeisterung für Stauden gibt Karl Foerster auch in öffentlichen Vorträgen weiter – als einer der Ersten seiner Zeit mit Farblichtbildern! 1910 hält er seinen ersten Lichtbildvortrag. In der Rückschau berichtet er später in einem Brief augenzwinkernd über diesen ersten Auftritt als Referent: „Am 12. Oktober ist also mein Vortrag in der Urania mit 200 Lichtbildern! Ohnmächtige werden kostenlos herausgetragen …" Auch im Rundfunk meldet sich der Gärtner mit Beiträgen rund um Gärten, Gartengestaltung und vor allem die Stauden zu Wort.

1911 veröffentlicht Foerster mit „Winterharte Blütenstauden und Sträucher der Neuzeit: ein Handbuch für Gartenfreunde und Gärtner" sein erstes Buch – viele weitere werden in den kommenden Jahrzehnten folgen. Doch der Erste Weltkrieg versetzt dem aufstrebenden Gärtnerei- und Pflanzenzuchtbetrieb einen herben Dämpfer: Sämtliche männlichen Gärtner werden zum Kriegsdienst eingezogen – keiner kommt mit dem Leben davon! Ihr Tod hinterlässt eine schmerzliche Lücke, ihr Fachwissen und ihre Arbeitskraft fehlen an allen Ecken und Enden. Aufträge müssen storniert werden, das Arbeiten ist fast unmöglich geworden. Immerhin kehrt Obergärtner Emil Pusch –

„wehrdienstuntauglich“, weil schwer verwundet – nach Bornim zurück und wird die Gärtnerei bis 1922 leiten. Während Karl Foerster gedanklich in höchsten gärtnerischen Sphären schwebt, ist Emil Pusch die praktisch veranlagte gute Seele des Betriebs und hält die Zügel fest in seinen Händen.

Auch Foerster muss 1916 seine Arbeitskraft kurzzeitig in den Dienst des Krieges stellen: in einer Munitionsfabrik bei Plaue an der Havel. Mitten in diesen schweren Zeiten veröffentlicht er 1917 sein Buch „Vom Blütengarten der Zukunft“. In diesen dunklen Stunden erzählt er darin seinen Lesern vom Zauber, den Stauden im Garten auf den Betrachter ausüben können, wenn man sie gekonnt einsetzt. Das Buch wird in großer Auflage an die Soldaten an der Front und in den Lazaretten verteilt und zeigt ihnen das Schöne quasi als bewussten Kontrapunkt zu ihrem oft leidvollen Dasein im Krieg.

Das Büchlein trägt nicht nur Karl Foersters Namen hinaus in alle Welt: Nach dem Krieg hilft die nun große Bekanntheit des Autors den Pflanzenverkauf recht zügig wieder anzukurbeln. Doch Foerster will über seine Kunden und die Zuhörer seiner Vorträge hinaus noch weitere Kreise an Garteninteressierten erreichen. 1920 gründet er zusammen mit Oskar Kühl, Camillo Schneider und Harry Maaß (auch: Maasz) die Zeitschrift „Gartenschönheit – eine Zeitschrift mit Bildern für Garten- und Blumenfreund, für Liebhaber und Fachmann“. Es entsteht eine Gartenzeitschrift mit Farbbildern und hochkarätigen Texten, wie es sie bis dahin noch nicht gegeben hat: eine „Gartenzeitschrift, die für die weiten Kreise gebildeter Gartenfreunde … einen Brennpunkt höherer Gartenfreude und Nutzung bildet und auch die Würde und geistige Spannweite der Gartenberufe nach außen hin verkörpert“ – diese Forderung Foersters aus dem Jahr 1917 kann nun in die Tat umgesetzt werden.

1921 stirbt Foersters Vater, der zehn Jahre zuvor mit Karls Schwester Martha ins neue Haus in Potsdam umgezogen war. Auch auf Martha wird man bald im Haus verzichten müssen, sie wird Oskar Kühl, den Mitherausgeber der „Gartenschönheit“ heiraten. Karl Foerster ist indes rastlos tätig, schreibt Bücher und Aufsätze, hält Vorträge, und vor allem kümmert er sich darum, Stauden zu züchten, wie sie ihm vorschweben: robust, krankheitstolerant, standfest, mehltaufrei, lange blühend, in leuchtenden, klaren Farben. Rittersporn *Delphinium elatum* 'Berghimmel' ist eine der Sorten, die seine erste intensive Züchtungsphase einläuten – allein zwischen 1909 und 1940 wird Foerster mehr als 80 neue Sorten auf den Markt bringen! Seine große Liebe gilt dabei den Phloxen (*Phlox paniculata*) und Rittersporne (*Delphinium*). Aber auch Sonnenbraut (*Helenium*), Astern (*Aster novi-belgii* und *Aster amellus*), Chrysanthemen (*Chrysanthemum indicum*) und noch zahlreichen anderen Gattungen widmet er sich, wenn auch weniger intensiv. Darüber hinaus haben es die Farne und die Gräser dem stets neugierigen Gärtner angetan. Als Züchter ist Karl Foerster kaum zu bremsen.

Der Gärtner und die Liebe

Doch wer wird ihm nun den Rücken für all seine Aktivitäten und Pläne freihalten, da Schwester Martha nicht mehr rund um die Uhr zur Verfügung steht? Eine Frau „muss her", die das Kommen und Gehen der zahlreichen Gäste regelt, die den berühmten Gärtner treffen wollen, die in Haus und Gärtnerei die Fäden zusammenhält, die Karl bei seinen schriftstellerischen Aufgaben unterstützt. Und so begibt sich der schon nicht mehr ganz junge Mann recht pragmatisch auf „Brautschau", und er wurde bald fündig: Die Mezzosopranistin und Pianistin Eva Hildebrandt aus Stettin tritt 1926 in sein Leben – fast 30 Jahre jünger als er, wird sie seine ganz große Liebe werden und bis an sein Lebensende bleiben. 1927 heiraten die beiden, 43 gemeinsame glückliche Jahre werden ihnen beschieden sein.

Eva gibt Karl zuliebe ihre vielversprechende Musikerinnenkarriere auf und stürzt sich mit großem Engagement in die Aufgabe, „Karlchen" bei seinem Lebenswerk zu unterstützen, in den Menschen die Begeisterung für die Schönheit der Stauden zu wecken. Sie arbeitet sich in kürzester Zeit, obwohl komplett fachfremd, so intensiv in die neue Materie ein, dass sie für Foerster auch in fachlicher Hinsicht zu einem der wichtigsten Gesprächspartner in dieser produktivsten Phase seines Lebens wird. Die Geburt der einzigen Tochter Marianne am 1. Januar 1931 macht für die Foersters das private Glück komplett.

Deutschland ist nicht genug

Karl Foerster ist mittlerweile auf dem ganzen Kontinent bekannt: Seine Pflanzenlieferungen gehen nach ganz Europa, seine Bücher und seine Gartenzeitschrift erreichen ein riesiges Publikum, und vor allem seine züchterischen Vorstellungen werden nun immer mehr Wirklichkeit: Immer mehr Rittersporne aus Foersterscher Zucht gelangen in den Verkauf, mit 'Wennschondennschon' betritt die erste seiner vielen *Phlox paniculata*-Züchtungen die Gartenbühne, 1940 eröffnet *Helenium* mit der Sorte 'Kupfersprudel' den züchterischen Reigen bei den Sonnenbräuten, 1938 findet die erste *Heliopsis*-Sorte 'Goldgrünherz' ihre Bewunderer.

Viele junge Gärtner zieht es nach Potsdam, um beim „großen Karl Foerster" das Staudengärtnern zu erlernen: Hermann Göritz, Heinz Hagemann, Gottfried Kühn, Richard Hansen, Ernst Pagels sind darunter, die in Bornim ihren gärtnerischen Weg beginnen und sich in späteren Zeiten selbst als Züchter oder Gestalter einen berühmten Namen in Gärtnerkreisen erwerben werden. Sie sind dem großen Ruf gefolgt, der Foerster vorauseilt, doch als sie ihn endlich wirklich kennenlernen, erliegen sie seiner besonderen Persönlichkeit: Foerster sieht in jedem Menschen das Beste, dessen er fähig ist, und ermutigt ihn, dies auch Wirklichkeit werden zu lassen. Er ermuntert den gärtnerischen Nachwuchs, sein ganzes Können und seine Begeisterung in den Dienst der Stauden zu stellen.

Als Foerster die beiden jungen Gartenarchitekten Herta Hammerbacher und Hermann Mattern kennenlernt, die gerade am Beginn ihrer Karriere stehen, erkennt er sofort das große

Potenzial, über das die beiden verfügen, und gründet mit ihnen 1929 eine Arbeitsgemeinschaft für Gartenplanung. Die jungen Leute sollen mit ihm die zahlreichen Aufträge zur Gartengestaltung umsetzen, die das Unternehmen in immer größerer Zahl erreichen: Foerster sorgt mit seinen Züchtungen für das Pflanzen-„Material", das ihm vorschwebt, Hammerbacher und Mattern setzen es gestalterisch in Gärten neuen Typs um, wie sie Foerster schon seit Langem propagiert. Die Geschäfte der Gärtnerei laufen gut, und so werden 1935 zwei Niederlassungen zur Gartenausführung in Königsberg und München gegründet.

Die Stauden neuen Typs, die Foerster züchtet, sollen nicht nur in den Gärten seiner privaten Auftraggeber und der Unternehmenskunden zu sehen sein – alle sollen die Gelegenheit erhalten zu erleben, welche Bereicherung schön gestaltete Gärten für die Menschheit sein können. Denn bereits seit Langem geistert in Foersters Kopf die Idee von öffentlichen sogenannten „Schau- und Sichtungsgärten" herum. So hat er schon 1917 im Büchlein „Vom Blütengarten der Zukunft" seine Ideen zur „Belebung des deutschen Blumengartens" formuliert: „Solche Schaugärten, die in keiner großen Stadt fehlen sollten, werden nicht nur den Laien beständig neue, überraschende Eindrücke vermitteln, wieweit deren Blumengärten hinter den bequemsten Möglichkeiten des neuen Blumengartens zurückbleiben, sondern sollen auch den jungen Gärtnern wichtige Stätten lebendiger Anregung bieten." 1939 wird sein großes Anliegen auf sein Betreiben hin nach zweijähriger Bauzeit endlich Wirklichkeit: Auf der „Freundschaftsinsel" mitten im Herzen Potsdams wird ein solcher Schaugarten eröffnet, und Stauden sind hier natürlich die Hauptdarsteller. Hermann Mattern liefert den Entwurf für die Anlage, Hermann Göritz, der 1924 als Lehrling bei Foerster begonnen hat, die Pflanzpläne.

Das echte Leben und Arbeiten in der Gärtnerei ist beileibe nicht immer einfach. Foerster lebt mit und für seine vielen Ideen und Projekte in seiner eigenen höheren geistigen Sphäre, er sucht aus den riesigen Beeten von *Phlox* oder *Delphinium* die Pflanzen aus, die seinen züchterischen Vorstellungen entsprechen. Die tägliche harte Arbeit in der Gärtnerei machen jedoch andere, und der jeweilige Obergärtner hat ein Auge darauf, dass alles Notwendige getan wird: dass die zur Züchtung ausgewählten Pflanzen vermehrt und das normale Pflanzensortiment zur Verfügung steht und versandt wird. Die Leitung des Gestaltungsbüros kümmert sich um die Gestaltungspläne und deren Umsetzung in den Gärten, und ein Geschäftsführer hat ein Auge auf die wirtschaftliche Lage insgesamt.

Nicht immer rosige Zeiten

Der Gärtnerei geht es häufig finanziell nicht gerade rosig, nicht nur aufgrund der schweren politischen Zeiten, die im Betrieb ihre Spuren hinterlassen. Auch Foersters legendäre Großzügigkeit selbst bei knapper Kasse bringt das Unternehmen immer wieder in finanzielle Schieflage – ökonomisches Denken und Wirtschaften ist nicht seine Sache. Einer der Geschäftsführer greift sogar einmal zu eigenen Gunsten tief in die Kasse der Gärtnerei und muss gehen. Immer wieder muss Familie Foerster, müssen Freunde und Gönner des Hauses der Gärtnerei des hochverehrten Karl Foerster mit einer Finanzspritze aus dem Gröbsten heraushelfen, und so kann es immer wieder weitergehen.

Buch auf Buch erscheint und erreicht höchste Auflagen und eine begeisterte Leserschaft. Die poetische Art, in der Foerster über Gärten und ihre Pflanzen, über die Jahreszeiten, übers Reisen schreibt, stößt in diesen nicht einfachen Zeiten auf weit offene Ohren. Redigiert und bearbeitet wird das literarische Werk von der unermüdlichen Eva Foerster, die auch für die Inhalte der Gärtnereikataloge verantwortlich ist. Doch in den wenigen Ruhephasen nimmt sie sich auch immer Zeit für ihre alte Liebe, die Musik, und ihre immer noch schöne Stimme und der Klang des Flügels erfüllen das Haus. Oft wird auch gemeinsam mit den jungen Gärtnern und Gärtnerinnen musiziert. Foerster, der vor allem dem Werk Beethovens zugetan ist, freut es.

In leidiger Regelmäßigkeit wird der Gärtner von seinem alten Rückenschmerz, einem schweren Ohrenleiden und zunehmender Taubheit in seinem Schaffensdrang gebremst: „Das Ohr! Kein trauliches Gespräch mehr mit den Liebsten, schrecklich anstrengendes Hören und Entziffern auf meiner Seite; angestrengtes, lautes Reden, ja fast Schreien, auf der anderen Seite; kein Hauch je mehr der Musik im Leben und Sterben, nicht mal die eigene Stimme hört man mehr recht", so Foersters klare Analyse. Aber mit einem nahezu unerschütterlichen Optimismus ausgestattet, lässt er sich nicht unterkriegen.

Der immer weiter um sich greifende Nationalsozialismus macht auch vor der Gärtnerei nicht halt; ein bekennender Nationalsozialist, Nikolaus Hoeck, wird die Gärtnerei bis 1945 leiten. So ist nach außen hin die Form gewahrt, damit die Arbeit unter den strengen Augen des politischen Systems weitergehen kann. Karl Foerster selbst tritt auf äußeren Druck 1940 in die NSDAP ein – ihm bleibt das Treiben der Nazis jedoch fremd, seine Freunde und Mitarbeiter schildern den an sich hochintellektuellen Mann als in politischen Dingen völlig unbedarft. Auch wenn die Gärtnerei nach außen hin die Geschäftspost mit dem üblichen „Heil Hitler" unterschreibt, geht das Unternehmen nach innen hin mit dem System überhaupt nicht konform. Der als Kommunist verurteilte Walter Funcke (1907–1987) darf weiterhin im Planungsbüro arbeiten, und jüdische Mitarbeiter finden im Karl-Foerster-Kosmos in Bornim heimlich Unterschlupf. Auch Hermann Mattern, dem „kommunistische Umtriebe" nachgesagt werden, darf weiterhin im Unternehmen tätig sein.

Nach wie vor gehen die Besucher in großer Zahl im gastfreundlichen Hause Foerster ein und aus – ihre parteiliche Zugehörigkeit spielt dabei keine Rolle, die Hauptsache, es locken gepflegte Gespräche über Gärten und Kunst. Doch auch diese schönen Stunden können nicht blind machen für die Realitäten: Die männlichen Gärtnereimitarbeiter werden wie schon im Ersten Weltkrieg an die Front geschickt. Mit regelmäßigen Briefen und Päckchen aus der Gärtnerei versucht man den Kontakt zu halten und ihnen mit kleinen lustigen Geschichten aus Bornim ein wenig Wärme und Normalität zu senden. Bald lassen sich Züchtung und Staudenversand unter diesen Bedingungen nicht mehr aufrechterhalten, zumal das Unternehmen dazu gezwungen wird, einen großen Teil seiner Fläche zum Gemüseanbau zu verwenden. Unter dem enormen Einsatz von Herta Hammerbacher, die das Unternehmen gärtnerisch durch diese schweren Zeiten steuert, wird weiteres Land zugekauft, damit dort der kostbare Schatz an Stauden untergebracht werden kann.

„Ich habe 90 unterernährte Menschen in meinem Betrieb. Ein tolles Mittel, sie zu Leistungen zu bringen, ist das Lob. Ich gehe verschwenderisch damit um, wo es nur irgend richtig ist", schreibt Foerster 1944 in einem Brief an Elisabeth Koch. Luftangriffe haben Teile der Gärtnerei zerstört, und nach der Flucht Hoecks 1945 wird Hammerbacher zur Geschäftsführerin ernannt.

Es fehlt an allem

Nach dem Krieg nimmt der Gärtnereibetrieb erst ganz allmählich wieder Fahrt auf, doch nun unter neuen politischen Vorzeichen, die das Arbeiten auch nicht gerade leichter machen. Das Vermögen der Gärtnerei wird durch die sowjetische Militäradministration beschlagnahmt. Gärtnermeister Paul Bolz übernimmt 1946 die Betriebsleitung – ihm gelingt es, zumindest die wichtigsten Züchtungen Foersters zu retten. Marianne, die einzige Tochter der Foersters, beginnt im gleichen Jahr im elterlichen Betrieb ihre Gärtnerlehre, ein recht ungewöhnlicher Schritt, ist es doch eher üblich, als „Gärtnerkind" im Betrieb eines befreundeten anderen Gärtners seine Ausbildung zu absolvieren. Doch vielleicht ist „Nanni", wie sie liebevoll von allen genannt wird, zu diesem Zeitpunkt im Hause Foerster emotional einfach „unabkömmlich".

1947 wird die Gärtnerei zum „Züchtungs- und Forschungsbetrieb winterharter Blütenstauden" ernannt, die Züchtungs- und

Vermehrungsarbeit wird wieder aufgenommen, und für den über 70-jährigen Karl Foerster beginnt seine zweite züchterisch besonders produktive Phase: Über 270 Züchtungen entstehen in der Zeit von 1949 bis zu seinem Tod im Jahr 1970. Eine neue Sorte folgt auf die nächste, und der Züchter schreibt 1955 ironisch: „Ich bin überbeschäftigt und überladen mit Verantwortung – so habe ich mir das Leben des Achtzigjährigen nicht vorgestellt."

Unermüdlich ist Foerster tätig, trotz starker körperlicher Einschränkungen, die ihn erst spät am Abend in Schlaf fallen lassen. „Ich schlafe so schlecht, sitze nachts oft lange auf; wenn man jetzt vor aller Frühe in den allerersten blauen Schein des östlichen Morgens blickt und hoch emporsieht, – da steht er, der Jupiter, der herrliche! Schlummerlos zieht das seine Bahn, das Riesenfeuer! Welch eine Einrichtung dies alles – Gottes unausdenkbarer Plan."

Während andere Betriebe immer mehr in den Sog von Repressalien des nun herrschenden politischen Systems geraten, bleiben Foerster und sein Betrieb „relativ" unbehelligt – zu groß ist die Bekanntheit des großen Staudenzüchters, als dass es die neuen Machthaber wagen würden, sich an ihm zu vergreifen. Dennoch kann sich auch Foerster nicht ganz den Gegebenheiten entziehen. Für die Moskauer Akademie der Wissenschaften muss er ein Buch über seine Vorgehensweise bei der Staudenzüchtung schreiben. Doch das Führen eines Zuchtbuchs ist noch nie seine Sache gewesen, und so verfasst er zwar eine Schrift unter dem Titel „Meine Lebensarbeit 1907–1946 an der Veredelung und Ertüchtigung der winterhart ausdauernden Stauden", doch er schreibt es in seinem bekannt poetischen Stil und bleibt in seinen Angaben so vage, dass sich aus dem Buch keine konkreten züchterischen Schritte und Anleitungen ablesen lassen.

1949 endet die Phase, in der die Gärtnerei beschlagnahmt war, auch wird sie von der Verpflichtung zur Gemüselieferung befreit. Unter Mühen – es fehlt an allem, was zum Drucken benötigt wird – kann endlich der erste Katalog nach dem Krieg erscheinen, und es können wieder Stauden an die Kunden versendet werden. Peter Altmann, der bereits 1948 zum Betrieb gestoßen ist, widmet sich ab 1952 dem Wiederaufbau der Gärten auf der Freundschaftsinsel, in denen die Bomben im Krieg schwerste Schäden hinterlassen haben.

Ehre, wem Ehre gebührt

In den folgenden Jahren wird Foerster vom SED-Staat mit zahlreichen Ehrungen gewürdigt: 1950 verleiht ihm die Humboldt-Universität zu Berlin die Ehrendoktorwürde, anlässlich seines 90. Geburtstags ernennt man ihn zum Professor honoris causa, und die Stadt Potsdam lässt es sich nicht nehmen, Foerster zu ihrem Ehrenbürger zu machen. Der Staat ehrt ihn mit dem „Vaterländischen Verdienstorden". 1965 gründet Hermann Mattern die „Karl-Foerster-Stiftung für angewandte Vegetationskunde", und die Internationale Staudenunion (ISU) freut sich 1966 über Karl Foerster als ihr erstes Ehrenmitglied.

Kurz vor Foersters Tod wird in der Deutschen Staatsbibliothek in Berlin eine Ausstellung über ihn eröffnet – er selbst kann an der Eröffnung jedoch nicht mehr teilnehmen. Am 27. November 1970 stirbt er im hohen Alter von 96 Jahren in seinem schönen Haus „Am Raubfang". Die Beerdigung wird mit großem Aufwand zelebriert, Familie, Freunde, Wegbegleiter und Mitarbeiter nehmen Abschied.

Nach Foersters Tod geht es mit dem Betrieb immer weiter bergab, die Gärtnerei ist technisch völlig veraltet, Dünger und vieles andere Notwendige ist nur schwer zu bekommen. Und auch der politische Systemwechsel geht an dem Staudenbetrieb nicht spurlos vorbei. Zwar gibt es in der Gärtnerei Foerster den einen oder anderen „linientreuen" Mitarbeiter, doch das Gros der Foerster-Gärtner kann dem herrschenden politischen System kaum etwas abgewinnen. Die Begehrlichkeiten des Regimes sind groß, und als die wirtschaftliche Situation des Betriebes – wieder einmal – schlecht ist, sieht der Staat seine

Stunde gekommen: 1972 wird die Staudengärtnerei in den volkseigenen Betrieb „VEB Bornimer Staudenkulturen“ umgewandelt. Damit unterliegen alle Aktivitäten dem „VVB Saat- und Pflanzgut Quedlinburg“ als übergeordneter Stelle. Die Zeit der eigenständigen Entscheidungen ist in der Gärtnerei Foerster vorbei. Zum Glück muss der alte Gärtner und Züchter das nicht mehr erleben.

Auf dem Bornimer Friedhof, unweit seiner Gärtnerei und seines herrlichen Gartens, hat Karl Foerster seine letzte Ruhestätte gefunden. Dort liegen auch seine Eltern, seine geliebte Ehefrau Eva und Tochter Marianne. Auf dem Grabstein steht geschrieben: „Kommen wird, was du bereitet mit glühender Seele“. Der große Gärtner aus Bornim lebt nicht mehr, sein Name jedoch lebt weiter. Viele seiner Staudenzüchtungen gibt es noch heute und machen ihrem Schöpfer, der ihnen so manches scheinbar Unmögliche abgerungen hat, alle Ehre!

Für ein Leben ist dieser Beruf zu groß

Ein Lehrling lauscht der Natur – Foersters Geisteshaltung und Weltsicht

Die Geisteshaltung, in der Wilhelm und Ina Foerster ihre fünf Kinder erziehen, wird diese ihr Leben lang begleiten, besonders bei Karl jedoch wird die in der Kindheit angelegte Liebe zu Natur und Kultur den ganzen Lebensweg prägen und bestimmen. Es ist eine „von kirchlichen Dogmen freie, auf humanistischen und naturwissenschaftlichen Idealen aufbauende Erziehung“ (Dümpelmann 2001, S. 14). Der in der Berliner Sternwarte herrschende Geist des Humanismus und Pantheismus durchzieht später auch Foersters Bücher und Schriften. So heißt es in einem Aufsatz von 1941: „Naturnähe ist Himmelsnähe … Je mehr wir von der Natur wissen, desto höhere Regionen unseres geistigen Lebens sehen wir mit ihren Geheimnissen im Bunde und rechnen sie dem Kerne ihres grenzenlosen Reiches zu.“ Foerster lässt sich nicht nur durch die Literatur Goethes, Jean Pauls und Hölderlins beeinflussen, sondern auch durch die Symbolisten, etwa die Schriften von Maurice Maeterlinck, in denen Pflanzen und Natur eine große Rolle spielen.

Der junge Gärtner Karl Foerster begutachtet mit unbestechlichem Blick den englischen Rittersporn 'William Storr'. Zu seinen Mitarbeitern wird er später sagen: „Arbeitet nicht mit englischen Sorten, die sind nicht hart genug, sie kennen nur atlantisches Klima, sind verweichlicht und nicht dauerhaft. Bleibt bei unseren Bornimer Sorten!“

Karl Foerster im Jahr 1916 mit 42 Jahren. Mitten in den schweren Weltkriegszeiten veröffentlicht er 1917 sein Buch „Vom Blütengarten der Zukunft“. In diesen dunklen Stunden erzählt er darin seinen Lesern vom Zauber, den Stauden im Garten auf den Betrachter ausüben können, wenn sie gekonnt verwendet werden.

Karl Foerster versteht sich Zeit seines Lebens als ein von der Natur Lernender. Als ihn der Priester Carl Sonnenschein am 14. März 1926 besucht, habe er seinem Gast gegenüber bekannt: „Je mehr er in die Natur hineinlausche, sie frage, um so mehr wisse er, daß er ‚Lehrling' sei." Mit missionarischem Eifer will Foerster die Welt an seinen Ansichten über die Schönheit der Natur teilhaben lassen. Seiner Meinung nach kann der Umgang mit schönen Pflanzen die Welt zu einem besseren Ort machen. Die negativen Folgen der zunehmenden Industrialisierung wie etwa eine wachsende Verstädterung und Zerstörung von Naturräumen kritisiert Foerster zwar, gleichzeitig ist er aber voll Begeisterung über den Fortschritt, den das Industriezeitalter mit sich bringt. In Gärten und ihren Pflanzen sieht er ein Instrument, das die Völker der Welt verbinden kann. Sie besitzen für ihn „eine menschenverbindende und erwärmende Kraft ohnegleichen", die die Schrecken des Krieges überwinden und ein „Paradies der Naturbemeisterung und der Naturhingabe" herbeiführen werde.

So wie Foerster die Pflanzen aus allen Erdteilen schätzt, die nach seinem Wunsch unsere Gärten schmücken sollen, ist er auch Menschen aus anderen Ländern gegenüber aufgeschlossen: „Du triffst auf fremde Menschen andern Volkes, welche dich schneller und tiefer erfassen als Menschen deines Heimatlandes und unvermutete Kräfte und Spielarten der Sympathie und Liebe aufwecken, die sonst weitergeschlummert hätten wie gar nicht vorhanden", schreibt er.

Foerster ist seinem Wesen nach ein sehr großzügiger Mensch – die Besucher seines Gartens schickt er mit Armen voller Blumen nach Hause, und er verschenkt schon einmal eine gerade gefundene Pflanze, die im Züchtungsgarten steht, nur weil diese einem Bewunderer so gut gefällt, – natürlich sehr zum Ärger des Züchtungsleiters! Einem jungen Gärtner, der in einer schäbigen Jacke herumläuft, drückt er das eigentlich für die Bezahlung der Stromrechnung gedachte Geld in die Hand, damit er sich eine neue „Joppe" kaufen könne. Und so manchem seiner jungen Mitarbeiter ist er ein Vaterersatz, wenn diesem der

Neben seinem Obergärtner Paul Bolz hat Karl Foerster im Herbst 1963 auch eine Gehilfin und zwei Lehrlinge bei einem Busch von *Chrysanthemum* um sich versammelt. Bis zuletzt war ihm der enge Austausch mit den jungen Nachwuchsgärtnern eine wichtige Herzensangelegenheit.

eigene Vater zum Beispiel durch den Tod im Krieg entrissen worden ist.

Foersters Grundhaltung ist bis in die Tiefen seines Wesens positiv, er glaubt an das Gute in Allem und Allen. Obwohl er Zeit seines Lebens, wie schon geschildert, wegen eines in der Jugend erworbenen Rückenleidens unter stärksten Schmerzen leidet, bleibt er ein unverbesserlicher Optimist – „wenn ich nur mein Erdenpensum bewältigen kann", so hofft er. Foerster ist sehr humorvoll („meine Witze werden von meiner Frau ‚Karlauer' genannt"), und so empfiehlt er allen Mitmenschen „Humor zur Milderung des sachlichen Ernstes". Als er zum Beispiel eine Zeitlang mit vom Wasser geschwollenen Beinen zu kämpfen hat, unterschreibt er in einem Brief selbstironisch kurzerhand mit „Karl, genannt Beenedicks".

Vielleicht sind für Foerster mit Schönheitsliebe und Humor auch leichter die schlimmen Zeiten des Nationalsozialismus zu überstehen. Er kann sich mit seinem humanistisch geprägten Weltbild nicht vorstellen, dass die Nazis mit ihren Gräuelparolen Ernst machen. Und so setzt er seine ganze Energie in diesen schweren Zeiten ein, um seinen Betrieb, die ihm anvertrauten Menschen und seine kostbaren Züchtungen zu retten. Nach außen hin äußert er sich nicht zu den schrecklichen Zuständen dieser Zeit. Nur im Briefwechsel mit Elisabeth Koch kann man erahnen, wie sehr den Humanisten Foerster das Zeitgeschehen quält. In einem Brief im August 1943 schreibt er selbstkritisch: „Wir sind alle mitschuldig durch unsere bequeme Gotteszuversicht. Wir ‚Stillen im Lande' hätten glühend wach in die Radspeichen greifen müssen."

Wie viele andere Zeitgenossen ist er jedoch noch einem gewissen rückwärtsgewandten, nationalkonservativen Denken verhaftet und schreibt 1943 an Koch: „Bei der Staffelung der Schuld kommt aber immer nur ein Bruchteil auf Deutschland. Die Schuld der Westmächte und des östlichen Dschingiskans sind lange hoch über die Hügel deutscher Schuld ragend." Nach dem Krieg, am 27. Januar 47, resümiert er in der Rückschau, abermals in einem Brief an Koch: „Die Zeit und ihre Ursachengeflechte bis ins neueste Geschehen sind von solcher Verworrenheit, daß wir sie später überhaupt nicht verstehen und deuten können … Die ganze Welt ist von deutscher Wildheit der braunen Zeiten angesteckt. Es muss alles erst ausfiebern." Trotz seiner politisch nicht sehr reflektierten Haltung, die er mit den meisten Deutschen während der Zeit des Nationalsozialismus geteilt haben dürfte, ist Foerster im tiefsten Innern dennoch ein Weltbürger. Er fordert insbesondere die Jugend auf: „Man kann den jungen deutschen Gartenmenschen nicht genug anraten, sich den Weltwind gehörig um die Nase wehen zu lassen und den Lockungen der Ferne zu folgen. Der Teig des Deutschen geht am schönsten auf, wenn auch genug Auslandsfermente hineinkommen ... Gärtner dürfen nicht immer an derselben Stelle hocken, sondern müssen reisen." Seine Tochter Marianne denkt in späteren Jahren noch an einen Rat zurück, den er ihr und manch anderem gegeben hat: „Ein Gärtner reist nie ohne Notizbuch und sauberes Taschentuch. Das Notizbuch zum Aufschreiben, und das Taschentuch zum Herabfallenlassen auf eine wunderschöne Pflanze, von der man sich mit gutem Gewissen entweder ein oder zwei Samenkörner oder einen kleinen Steckling mitnimmt. Aber man stiehlt nie die ganze Pflanze. Das ist unfein!"

„Blumen, wie von Engelshänden geformt" – Karl Foerster als Züchter

„Der züchterische Umgang mit der Pflanze führt uns immer wieder in abenteuerliche Überraschungen. Der Gärtner schafft die wissenschaftlichen und handwerklichen Grundlagen für neue Züchtungen und steht dann plötzlich vor Blumen, die wie von Engelshänden geformt scheinen. Keine Phantasie kann die Noblesse dieser Geschöpfe vorher ahnen, bei deren Anblick der Züchter oft denkt: Reiche Gott einen kleinen Finger und er nimmt die ganze Hand", beschreibt Foerster 1962 in seinem Buch „Ferien vom Ach" als hochbetagter Mann den Beruf des Pflanzenzüchters. Große Pflanzenzüchter gibt es vor und nach Karl Foerster, er ist beileibe nicht der Einzige, der sich der Verbesserung von Pflanzenqualitäten verschrieben hat, doch er setzt in den Augen seines Mitarbeiters Konrad Näser (so im ISU-Jahrbuch von 1999) einen „Maßstab, an dem alle übrigen, die mit ihm zusammen oder nach ihm an dieser großen Aufgabe arbeiteten, gemessen werden können".

Es ist wahrlich eine spannende Zeit, in der Foerster seine züchterische Arbeit beginnt. Überall auf der Welt entdecken Pflanzenjäger spektakuläre neue Pflanzenarten und bringen sie nach Europa. Kaum auf unserem Kontinent angelangt, widmen sich sogleich die ersten Gärtner ihrer Vermehrung und befassen

Mit unbestechlichem Blick betrachtet Karl Foerster seine Rittersporn-Züchtung ‘Perlmutterbaum’. „Ich diene hier seit Jahrzehnten als helfender Erdgeist der blauen Blume und ihrer Zukunft, … eine Garde blauer Riesengewächse ward aus dem Boden gestampft, aus Sand und Hitze emporgehungert und emporgedürstet“, beschrieb er sein züchterisches Ringen um den Rittersporn.

sich züchterisch mit den Neulingen, wie etwa Goos & Koenemann in Niederwalluf, Lorenz Lindner in Eisenach, W. Pfitzner in Stuttgart-Feuerbach, Georg Arends in Wuppertal und Nonne & Hoepker in Ahrensburg. In dieser Ahrensburger Staudengärtnerei nebst mehreren anderen Stationen erwirbt sich Foerster während seiner Lehrzeit ein profundes Staudenwissen. Kaum hat er mit seiner Gärtnerei in Bornim Fuß gefasst, beginnt er seine eigene züchterische Arbeit. In zwei große züchterische Phasen lässt sich Foersters Arbeit einteilen: die Jahre von 1909 bis 1940 und dann, unterbrochen durch die Kriegszeit, noch einmal von 1949 bis zu seinem Tod 1970. Die erste Staudensorte, die Foerster auf den Markt bringt, ist der Rittersporn 'Arnold Böcklin'. Über 360 Sorten sollen auf Foerster zurückgehen, darunter 83 Phloxe und 72 Rittersporne. Vor allem befasst er sich mit *Phlox* und Rittersporn, Sonnenbraut, Glattblatt- und Bergastern, *Chrysanthemum* und Gartenlupinen, Sonnenauge und Türkischem Mohn, *Yucca*, Glockenblumen und Ehrenpreis. „Außerdem übernahm Foerster ausgewählte Sorten anderer Züchter und führte einige Pflanzenarten, darunter viele Gräser, aus Europa, Asien und Nordamerika in Deutschland neu ein" (Dümpelmann 2001, S. 41).

Doch was reizt Foerster überhaupt an der Züchtungsarbeit? Er ist mit vielen Eigenschaften der Pflanzen, auf die er trifft, nicht zufrieden und will ihren „Gartenwert" verbessern. Gleichzeitig will er seinen Kunden eine Orientierungshilfe in dem recht unübersichtlichen Pflanzenangebot geben, indem er ihnen von ihm selbst erprobte, zuverlässige Pflanzen für ihre Gärten anbietet. „Spezielles Programm meiner Gärtnerei ist es, ein begrenztes Sortiment aus dem Chaos der Arten und Sorten unter dem Gesichtspunkt des Zusammentreffens der grossen Schönheitseigenschaften mit den grossen praktischen Dauer- und Willigkeitseigenschaften herauszuarbeiten", formuliert er sein Credo 1925 in der Zeitschrift „Gartenschönheit".

Welche Ziele verfolgt Foerster mit seiner Züchtung? „Es ging ihm bei seinen Pflanzen in erster Linie um Gesundheit, Standfestigkeit, eine lange Blütezeit, Langlebigkeit und leuchtende, klare Farben“, erklärt Konrad Näser im Gespräch. „Dabei arbeitete er immer mit und nie gegen die Pflanze, sondern wollte in ihr Fähigkeiten erwecken oder verstärken, die er in ihr noch verborgen liegen sah. Die Pflanzen, die Foerster suchte, sollten zuverlässig dauerhaft an ihrem Standort überzeugen und nicht nur kurzfristig für ein optisches Feuerwerk sorgen und dann schnell wieder vergehen.“

Doch wie geht Foerster als Züchter vor? Das Prinzip, dem Foerster züchterisch folgt, nennt der Fachmann „Auslese- bzw. Selektionszüchtung in Kombination mit der von ihm so benannten Dauerbeobachtung“ (Dümpelmann 2001, S. 43). Dabei werden aus einem Feld mit vielen Tausend Einzelpflanzen einige Erfolg versprechende ausgewählt und dann vegetativ, das heißt durch Teilung oder Stecklinge vermehrt, damit nur sortenechte Jungpflanzen entstehen. Andere zeitgleich arbeitende Züchter wie etwa Georg Arends (1863–1952) setzen auf die „Kreuzungsarbeit mit Pinsel, Pinzette und Isoliertütchen“ (ebd.) und können daher mit wesentlich kleineren Stückzahlen arbeiten als Foerster. Viele führen zudem genaue Zuchtbücher, um Erfolge und Misserfolge ihrer Züchtungen exakt zu dokumentieren. „Foerster war kein Mensch, der Listen geschrieben hat und mit Zuchtbüchern hantierte. Das war ihm völlig fremd, das passte nicht zu seinem Wesen, er war ein intuitiver Mensch, der durch den Eindruck, durch den genauen Blick, den er besaß, sein Gedächtnis speiste. Er hat sich beispielsweise in ein Ritterspornfeld gestellt und einen ganz bestimmten Rittersporn ausgesucht, kam am nächsten Tag an dieselbe Stelle und fand ihn tatsächlich wieder“, erinnert sich Konrad Näser. „Foersters fotografisches Gedächtnis war unbestechlich. Er hatte ein sehr gutes Gespür für die Qualität einer Pflanze, zum Beispiel hinsichtlich ihrer Standfestigkeit oder einer besonderen Form des Abblühens oder einer ungewöhnlichen Farbe. Bei solchen gefundenen Sämlingen im Bestand hat er dann die Nachbarpflanzen abgeknickt und den einen von ihm gefundenen in der Mitte stehen lassen. Wer dann von uns dabei war, musste dann einen Stab daran stecken und das Etikett mit dem Taufnamen und dem Tag des Auffindens anbringen. Aber manchmal wählte Karl Foerster ein oder zwei Jahre später einen anderen Namen für den bereits gefundenen Sämling. Dadurch hatten wir, die das ordnen mussten, Schwierigkeiten, weil plötzlich zwei Namen für eine Pflanze da waren und offenbar der erste schon in der Gartenschönheit veröffentlicht war. Dann gab es zwei Namen für ein und dieselbe Sorte. Dieses Durcheinander geht leider auch auf Foerster zurück“, erzählt Näser mit einem Augenzwinkern. Die so gefundene Pflanze kommt anschließend acht Jahre lang „in die Prüfung“, in der Zwischenzeit werden die besten dieser Prüfpflanzen bereits vermehrt. „Aber die Zahl der Prüflinge von einem Jahrgang wurde von Jahr zu Jahr kleiner. Wenn man von einem Jahrgang 50 ausgelesen hatte, dann waren im Folgejahr noch 30 da und nach fünf Jahren bloß noch fünf. Am Ende waren es zwei, die nach acht Jahren das Rennen gemacht haben, alle anderen sind vorher wegen ungünstiger Eigenschaften aussortiert worden. Hier gab Foerster uns genaue Anweisungen. Er war jeden Tag bei seinen Züchtungspflanzen und in der Zuchtabteilung.“

Der Pflanzenzüchter Foerster hat aber nicht nur seine eigenen Pflanzenzöglinge im Blick. Intensiv befasst er sich auch mit den Züchtungen seiner Kollegen, prüft sie und nimmt sie, wenn sie seinen Vorstellungen entsprechen, in das Verkaufssortiment seiner Gärtnerei auf. Mit fast allen bedeutenden Züchtern seiner Zeit, wie etwa dem russischen Phlox-Züchter Pavel Gaganov, steht er in intensivem Erfahrungsaustausch.

Auch die vielen Hundert Menschen, die im Laufe der Jahrzehnte in seiner Gärtnerei lernen und arbeiten, steckt er mit dem Züchterfieber an. Dem einen oder anderen seiner Mitarbeiter vertraut er auch spezielle Stauden mit der Aufforderung an, sich züchterisch darum zu kümmern. Einige der Mitarbeiter gründen später eine eigene Gärtnerei – vom Züchten aber können die wenigsten ihre Finger lassen, wie etwa Ernst Pagels, Heinz Hagemann, Richard Hansen oder Wilhelm Schacht. Foersters einstige Mitarbeiter Konrad Näser, Wolfgang Kautz und Andreas Gaedt sind dem Züchterfieber auch heute noch erlegen.

Den Dauertest, dem Foerster seine von ihm selbst gezüchteten Pflanzen unterzieht, nennt er sehr bildhaft seinen „Enttäuschungsfilter“ – alles was ihm nicht gefällt, wird nicht weiter vermehrt! Bis das gewünschte Züchtungsergebnis erzielt ist, dauert es mitunter viele Jahre. So erinnert sich Konrad Näser angesichts der züchterischen Arbeit an der Sonnenbraut an folgenden humorvollen Satz Foersters: „Wir haben die Sonnenbraut 25 Jahre lang umworben, und dann hat sie sich uns endlich ergeben.“ Bei seinen Zuchterfolgen spielt nicht nur Foersters gutes Auge, sondern auch seine jahrzehntelange Erfahrung eine wichtige Rolle. Eine der Pflanzen, mit denen er sich am intensivsten beschäftigt, ist der *Rittersporn*.

Die von Foerster ausgelesenen Sorten sind äußerst erfolgreich und in den Staudensortimenten aller Gärtnereien viele Jahrzehnte lang zu haben. Doch einige sind im Laufe der Jahre verloren gegangen, denn die vegetative Vermehrung geht bei langer Dauer nicht spurlos an einer Pflanze vorbei: „Wenn man eine Sorte immer wieder vegetativ vermehrt, dann bekommt sie ‚Altersbeschwerden‘, wird krankheitsanfälliger, ist nicht mehr so wüchsig, erfriert oder fällt um, sie ist durch jahrzehntelange Vermehrung eben ‚abgewirtschaftet‘. Und dann muss sie aus dem Sortiment genommen werden“, erläutert Näser. Anlässlich der BUGA 2001 in Potsdam haben sich Staudenspezialisten noch einmal die Mühe gemacht, alle noch erhältlichen Foerster-Sorten zusammenzutragen und auf der Freundschaftsinsel anzupflanzen. Denn es gibt nach wie vor noch viele davon im Handel, die unsere Gärten schmücken können und nach denen es sich für den Gartenfreund zu suchen lohnt. Zumal sie auch von Foerster so wunderbare „Taufnamen“ bekommen haben wie ‘Berghimmel’, ‘Morgentau’ oder ‘Jubelruf’! Wer mag, kann sich noch heute in der „Gärtnerei Foerster-Stauden“ zum Kauf seines persönlichen Staudenlieblings aus Foersterscher Zucht inspirieren lassen!

Vom Schöpfen aus der Pflanzenfülle – Foerster als Staudenverwender

Carl Sonnenschein schreibt über seinen Besuch in Bornim 1926: „Zuerst führte uns einer seiner Gehilfen. Dann kam er selbst, der Vielbeschäftigte, und ließ es sich nicht nehmen, eine halbe Stunde mit uns zu plaudern. Uns in seiner Welt Wege zu zeigen. ... Wie dieser Mann von seinen Pflanzen redet! Von ihren Gesetzen. Von ihrer Seele. Die Gartenarchitekten sollten nicht ‚unmöblierte Räume' schaffen und dann die Pflanzen hineinsetzen. Wie man Möbel in ein Zimmer setzt. Sondern die Pflanzen nach ihrem Willen fragen. Der Mensch muß die Pflanze ‚erlösen'. Muß sie zu Wort bringen. Zur Selbstoffenbarung. Das ist unser Dienst an der Natur. Die weiße Lilie setze ich zwischen schwerdunkle Rosen und neben tiefblauen Rittersporn. Aus dem langweiligen Staatswald lassen sich unglaubliche Wunder schaffen. Eine Fülle, eine tropische Glut, eine Abwechslung, ein Reichtum, den wir nicht kennen. Diese Pflanzen lassen sich aufzüchten. ... Die Pflanzen lernen auch. Den Rittersporn brauch ich nicht mehr mühsam an den Stab zu binden. Wieviel Arbeit machte das einst. Ein kleines Knie genügt. Er hilft sich dann selbst. So wollen die Pflanzen ‚trainiert' werden. Ihr Temperament muss entfaltet werden. Dieses Temperament ist die Begabung des Bastards. Von uralter Zeit her. Es gilt die richtige Vermählung. Die richtige Kräftebindung. Jedes Land hat dem anderen zu geben. Man muß zufassen. Muß ‚verwegen' sein. Sonst antworten sie nicht. Lilien setzt man nicht irgendwo hin. Sonst sind sie Schwäne auf trockenem Land. Zu allen sucht man den Genossen. Den Hintergrund. Die Apsis."

Stauden sind für Karl Foerster im Garten das wichtigste Gestaltungselement. Weil in den wildnishaften Gärten, die ihm vorschweben, Stauden eine solch tragende Rolle spielen, will er ganz sicher gehen, dass er von allen und nicht nur von professionellen Gärtnern verstanden wird. Doch er weiß auch, dass er vielen Menschen erst erklären muss, was es mit dieser Art von Pflanzen auf sich hat: „Stauden sind Blumen, die im Winter aus

Blütenreich und doch gleichzeitig wildnishaft wirkt der Bornimer Garten im Frühjahr.

scheußlichem Gestrüpp bestehen oder gar nicht vorhanden sind, falls man nicht in der Erde nachwühlt. Bei einem Mindestmaß an Freundlichkeit blühen sie jedes Jahr wieder. Hat man sie lieb, bedanken sie sich überschwenglich."

Die ganze Pflanzenfülle, die es schon zu Beginn des 20. Jahrhunderts gibt, und vor allem die vielen wunderschönen Stauden werden nach Foersters Meinung zu seiner Zeit noch viel zu wenig in den Gärten verwendet. Denn besonders in langen Blumenrabatten könnten sie doch eine wichtige gestalterische Rolle spielen und dort für ein lang andauerndes Farbenspiel sorgen. Unermüdlich wirbt er für die Verwendung von Stauden in den Gärten, in seinen Büchern, Zeitschriftenaufsätzen, Vorträgen und sogar im Radio.

Wie sehen die typischen Gartengestaltungen zu Foersters Zeit aus? „Analysiert man die Staudenverwendung der 30er Jahre, ist festzustellen, dass man Stauden damals entweder in streng linearer Rabattenform oder in organisch-dekorativen, amöbenartig zusammengesetzten größeren Pflanzflächen anordnete ... Für beide Gestaltungsrichtungen der Staudenanordnung der 30er Jahre, die linear-rhythmische als auch für die organisch-wiesenhafte Pflanzweise, war eine Staudenauswahl in möglichst reinen Blütenfarben charakteristisch" (Duthweiler 2012, S. 30f.). Die Teppichbeete mit ihren Sommerblumen, die noch Ende des 19. Jahrhunderts in den Gärten vorgeherrscht haben, werden allmählich von Staudenpflanzungen ablöst. Zunächst setzen die Gestalter diese noch wie einst die Teppichbeete mitten in die Rasenflächen und fassen die Rabatten mit niedrigen Pflanzen ein (Dümpelmann 2001, S. 68). Doch gerade die hohen Stauden knicken bei Wind und Regen um und müssen mit Stäben gestützt werden. Hier wünscht sich Foerster pflegeleichtere Stauden, bei denen es diesen Aufwand nicht braucht. Und um deren Züchtung bemüht er sich. Zwar arbeitet Foerster gelegentlich auch mit einer freien Verteilung der Stauden innerhalb der Rabatten, doch bevorzugt er gerade bei seinen frühen Pflanzplänen die sogenannte regelmäßige oder „rhythmische" Pflanzung: „Die Stauden sind einzeln oder in kleinen Trupps regelmäßig, d. h. in gleichbleibenden Abständen und symmetrisch, über die Rabatte verteilt" (ebd.).

Anders als in den englischen Gärten dieser Zeit üblich, in denen Mischfarben vorherrschen, empfiehlt Foerster für die Gärten, die ihm vorschweben, einen Dreiklang aus reinen Farben. Bei diesen Farbdreiklängen stützt er sich zwar auf die Farbtheorien Goethes und Wilhelm Ostwalds, doch in der Praxis lässt er die Pflanzen entsprechend seinen eigenen Farbvorlieben setzen. Besonders haben es ihm die Kombination von Rot und Weiß, Blau und Gelb sowie aus Weiß, Rot und Blau angetan. Solch „reine" Farben sind ihm lieber als die in seinen Augen „unreinen" oder „schwierigen" Farben wie Violett oder Blaurot. Zu den beiden dominierenden Leitfarben gesellt sich jeweils noch eine dritte, die aber hinsichtlich ihrer Wirkung hinter den beiden anderen zurücktritt beziehungsweise deren Farbwirkung unterstützt. Mit seinen Farbdreiklängen soll es in den

Der Winter hat Karl Foersters Garten fest im Griff, und dennoch bleibt das grüne Refugium des Potsdamer Gärtners auch in dieser Jahreszeit attraktiv.

Rabatten leuchten – und zwar in „Tuffs gleicher Art in starker schöner Gegenfarbe zu einer anderen gleichzeitig blühenden Staude".

Und es muss wirklich geleuchtet haben, liest man doch bereits 1917 in Foersters Buch „Vom Blütengarten der Zukunft": „In jedem Monat sollten zwei Farben dominieren; z. B. blaue Scilla mit gelben Narzissen, … blaue Iris mit gelben Trollius, (roter) Feuermohn mit weißen Lupinen, frühe remontierende Rittersporne Delphinium Brunton mit frühem remontierendem Phlox Snowdown und Hornby. … Weiße Boltonia mit Dahlia Lucifer, (blaue) Aster Oktoberkind mit (gelber) Chrysanthemum Goldperle." Foersters Motto lautet: „Eine Farbe pflanzen ohne raffinierten Bezug auf eine andere, heißt ihr Bestes verlieren."

Bei der Auswahl der „richtigen" Pflanzenfarbe ist ihre Fernwirkung auf den Betrachter ebenfalls von großer Bedeutung. In gewisser Weise kann man die Pflanzenverwendung Foersters mit der Arbeit eines Komponisten vergleichen, und so hat sich Foerster wohl auch selbst gesehen. Er schreibt 1936 im Buch „Der Steingarten der sieben Jahreszeiten in Sonne und Schatten. Arbeits- und Anschauungsbuch für Anfänger und Kenner“: „Man soll keine Pflanze, die man in seinen Garten setzen will, allein denken, genauso wenig, wie ein Komponist mit Einzeltönen oder -takten arbeitet. Die Hauptsache ist die Verheiratung und Verschmelzung der Pflanzen untereinander, die Ausschöpfung der Spannungen und feinen Geselligkeitsbeziehungen, in denen Pflanzen gesetzmäßig zu gewissen anderen Pflanzen stehen, und zwar sowohl zu großen wie kleinen.“

Für Foerster sind die Pflanzen die eigentlichen Hauptdarsteller im Garten: „Zum eigentlichen Gartengestalter sollte man die groben und feinen Wünsche der Pflanze ernennen; hieraus entstehen die tiefen Einheitlichkeiten, also auch Stimmungskräfte eines Gartenteils bis in jeden Quadratmeter hinein“, ist er überzeugt. Aus seinen Naturbeobachtungen heraus unterscheidet er sieben unterschiedliche Jahreszeiten: Vorfrühling, Frühling, Frühsommer, Hochsommer, Herbst, Spätherbst und Winter, in denen man mit blühenden Pflanzen Akzente setzen kann. Als einer der ersten Pflanzenverwender nimmt er hierbei mit dem Herbst, dem Winter und dem Vorfrühling auch Jahreszeiten in den Blick, die im Garten bislang gestalterisch vernachlässigt worden sind. Mit der richtigen Pflanzenkenntnis und -auswahl können in seinen Augen auch in diesen Monaten interessante gestalterische Akzente gesetzt werden, frei nach seinem Anspruch „Es wird durchgeblüht“, der auch namensgebend für eines seiner Bücher wird.

Foerster propagiert aber auch die Verwendung von Gräsern und Farnen in der Gartengestaltung, die in seinen Augen damals noch zu wenig zu ihrem Recht kommen. Die heutigen „Präriegärten“ wären ohne die Vorarbeit Foersters auf diesem Gebiet nicht zu denken. Das Garten-Reitgras *Calamagrostis × acutiflora* ‘Karl Foerster’ erinnert noch heute namentlich an den großen Gräserfreund.

So zeigt sich der Steingarten in Bornim heute – 2008 wurde er durch die TU Berlin neu bepflanzt. Denn von der einstigen Pracht dieses Gartenteils war im Laufe der Jahrzehnte nur noch wenig geblieben, sodass dringend gehandelt werden musste. Heute kann man hier augenfällig erleben, wie schön ein Garten auch im Winter sein kann – ganz so, wie Karl Foerster es gewollt hätte!

Foerster liebt insbesondere die Steingärten und ihre „Bewohner" – die Steine und die besonderen Pflanzen, die sich dazugesellen. So fragt er sich und den Leser in seinem Buch „Der Steingarten der sieben Jahreszeiten in Sonne und Schatten. Arbeits- und Anschauungsbuch für Anfänger und Kenner": „Welche Rolle kommt nun aber dem Stein im Garten zu? … Die Gartenrolle des Steins in Vergangenheit und Zukunft ist unausdenklich reich. Er ist ein Knochenwerk der allerfeinsten Gestaltung im Garten, der festigende Überwinder der Höhenunterschiede, schönste Folie der Pflanze und oft ihr Schutz, der festliche und bequeme Boden des Schreitens und der große Kämpfer gegen die nagenden und verwischenden Kräfte der Zeit." Und ähnlich poetisch wirbt Foerster weiter für seine geliebten Steingärten: „Der Steingarten mit all seinen Kammern und Nischen und Höhenstockwerken schließt seltsames Gnadenleben des Raumes auf, wo früher nur langweilige Fläche war ... Der Steingarten ist eine Kostbarkeitsvitrine für Pflanzenschätze. Hier mißt und stärkt sich unser Leben an der Nachbarschaft so vieler Kleinorganismen, deren Lebensmächte all die unseren ermutigen und schließlich, wie besonders im Zwerggehölzbereich, Altersumtriebe offenbaren, zu denen unser Leben hinaus- und nicht mehr hinabblickt, alle Kräfte in uns, die vom Geist beherrscht sind, werden hier vom Treubleiben kleiner Dauergewächse durchfeuert, die von Licht und Äther zu leben scheinen."

Doch bei aller Leidenschaft für die Verwendung der richtigen Pflanze in der richtigen Farbe am richtigen Standort versteht sich Foerster selbst nicht als Gartengestalter oder Gartenarchitekt, auch wenn er für den einen oder anderen Kunden einen Garten plant. Elsa Waldersee, für die Foerster vor dem Ersten Weltkrieg in Berchtesgaden einen Garten anlegt, berichtet 1934 in der Erinnerung, wie Foerster einst mit den Kunden und den Mitarbeitern vor Ort umgegangen ist: „Mühelos war es Foerster gelungen, die Arbeiter (und auch uns) in einer harmonischen Gemeinschaft zu einen. Er gestaltete ihre Arbeit lebendig, indem er sie an den Gedanken beteiligte, welche sie auszuführen hatten. Für uns alle war in diesen Wochen die Umwelt versunken, die große Wunderkraft des Frühlings stieg uns aus der neuen, lebendigen Gartengestaltung auf ... Wir fanden damals, dass Foerster sich zu wenig Ruhe gönne. Den ganzen Tag war er ohne Pause inmitten seiner Arbeiter oder überlegte die neuen Pflanzplanungen. Wohl versprach er, sich zu bessern, und zog sich nach dem Essen in sein Zimmer zurück, aber ich überraschte ihn bei einer solchen Begebenheit, daß er mit leichten Sohlen, durch das Fenster steigend, entwich." Aber natürlich nur, um heimlich weiter im Garten zu wirken!

Solche Gartenplanungen Foersters bleiben jedoch die Ausnahme. Er setzt lieber auf eine intensive Zusammenarbeit mit Fachleuten wie Berthold Körting, Gustav Allinger, Heinrich Wiepking-Jürgensmann oder Willy Lange. „Er berät sie bezüglich der Pflanzenauswahl und sie beziehen Pflanzen aus seiner Gärtnerei" (Kühn 2018, S. 15). Doch immer wieder treten die Kunden mit dem Wunsch an ihn heran, einen Garten von ihm gestaltet zu bekommen, denn sein guter Ruf als Pflanzenkenner und -züchter hat sich seit dem Umzug der Gärtnerei nach Bornim weit verbreitet. Daher ruft er 1929 in seinem Unternehmen eine eigene Abteilung für Gartengestaltung ins Leben, für die er die blutjungen und noch unbekannten Gestalter Herta Hammerbacher und Hermann Mattern ins Boot holt (die beiden heiraten später sogar, trennen sich aber nach einigen Jahren wieder). Sie erweisen sich als ein echter Glücksgriff: Mit Foerster entwickeln sie, basierend auf dessen Prinzipien der Pflanzenverwendung, einen Gartenstil, der sich bald unter dem Namen „Bornimer Stil" etablieren soll. Sie entwerfen „zwanglos bewohnbare, landschaftliche Räume ..., mit möglichst fließenden Übergängen vom Haus zum Garten und mit Blick vom Garten in die umgebende Landschaft. Diese Gärten hatten aber nie etwas miniaturhaft Landschaftliches, sondern waren eigene Schöpfungen. Das Bewohnbare, nicht das Repräsentative stand nun ... im Vordergrund" (Heinrich 2013, S. 32). Die fruchtbare Arbeitsgemeinschaft aus Foerster, Hammerbacher und Mattern dauert bis 1948, und um die 3000 Projekte sollen in dieser Zeit entstanden sein. In Kooperation mit berühmten Architekten wie Hans Scharoun oder Ludwig Mies van der Rohe entstehen für gut betuchte Kunden Wohnsitze, in denen Pflanzen, Haus und Garten eine innige, stimmige Beziehung eingehen – ähnlich, wie es in England bereits das geniale Gestalterduo aus Gertrude Jekyll und Edwin Lutyens praktiziert hat.

Genauso stellt sich Foerster das Miteinander von Haus und Garten vor, wenn er 1934 in seinem Buch „Garten als Zauberschlüssel" optimistisch schreibt: „Früher waren Haus und Garten zwei Dinge, die sich oft den Rücken zuwandten: jetzt sitzt man im Zimmer dem Garten auf dem Schoß und erlebt Blüten und Farben auf ganz andere Weise als früher bei gelegentlichen Gängen und Besuchen. Wohnterrassen schieben sich hinaus in den Garten, und Gärten dringen mit hellen Pflanzenräumen ins Haus. Wir verwenden in Gärten nun auch eine Unzahl Pflanzen von einer Bühnenwirksamkeit, die wir früher nicht kannten; diese ermöglichen ein nahes Mitleben mit Blumen- und Farbverwandlungen, die sich zwanzig, sechzig Meter und noch weiter von unserem Wohnraum entfernt abspielen." Bornim entwickelt sich mit Foerster, Hammerbacher und Mattern zum „Worpswede der Gartengestalter". Der von den Dreien entwickelte Gestaltungsstil wird für viele Gartengestalter prägend werden!

Bilder als Lehrmittel – Foerster als Fotograf

Die schönsten Porträtaufnahmen von Karl Foerster und seiner Frau Eva stammen von Gunnar Porikys. Man sieht den Bildern die persönliche Nähe an, die den damals noch jungen Potsdamer Fotografen mit dem Ehepaar verbunden haben muss – in den letzten Lebenstagen des Gärtners war er fast ständig sorgend um ihn. Dass Foerster selbst auch ein Fotograf war, ist vielen weniger bekannt, und doch kann man mit Fug und Recht behaupten, dass das Fotografieren für ihn eine fast genauso große Rolle spielte wie die Arbeit mit den Pflanzen selbst:

Seine ersten eigenen Bildaufnahmen macht Foerster in den 1890er-Jahren und folgt damit fast schon einer Art Familientradition. Einst hat der Großvater Friedrich Foerster mit großer Begeisterung fotografiert – eine Liebhaberei, die damals sehr kostspielig war, wie auch viele Jahrzehnte später noch, als sich der junge Karl dieser Kunst verschreibt. Schon in der Gärtnerei im Berliner Westend nutzt dieser in jedem freien Moment, den er erübrigen kann, seine Kamera. Und von Anfang an stellt er seine Fotografien in den Dienst des Unternehmens. Bereits die ersten Kataloge der Gärtnerei sind – was damals längst noch

Bereits die ersten Kataloge der Gärtnerei sind bebildert und zwar mit Foersters eigenen Fotografien. Immer wieder dienen die Nachbarskinder wie hier Monika Lepsius als eine Art „menschlicher Zollstock", um die Größen von Stauden zeigen zu können. Diese hübsche Fotografie mit dem Mädchen inmitten pfirsichblättriger Glockenblumen findet sich im ersten Foerster-Katalog aus dem Jahr 1907.

nicht üblich ist – bebildert, und zwar mit Foersters eigenen Fotografien. Da müssen auch schon einmal die Nachbarskinder als „menschlicher Zollstock" herhalten, um die Größen von Stauden demonstrieren zu können. So erinnert sich etwa Monika Lepsius-Berenberg, die als Kind mit ihrer Familie in Berlin neben den Foersters wohnte: „Wir mußten Maßstäbe abgeben auf seinen Fotos für die Höhe der Blütenstauden. Meine Mutter sah einmal zu ihrem Entsetzen eine Reklame für Karl Foersters Gärtnerei in der Untergrundbahn, worauf sie ihre Kinder wie Zwerge neben mannshohen Gewächsen erblickte" (Foerster 2009, S. 101).

Auch seine ersten Bücher und die Artikel seiner Zeitschrift „Gartenschönheit“ illustriert Foerster mit eigenen Bildern. Im Buch „Vom Blütengarten der Zukunft“ berichtet er von den Schwierigkeiten bei der Darstellung seiner pflanzlichen „Modelle“. Über das Fotografieren einer Staudenmargerite ist dort zu lesen: „Fast ein ganzer Tag meines Lebens ging darüber hin, den Schmelz dieses blendenden Blütenblickes photographisch einzufangen, nachdem mich Windunruhe oder Überbelichtungen stundenlang genarrt hatten.“ Längst nicht immer ist Foerster mit dem Ergebnis seiner Fotografien zufrieden: „Von der eben fertig gewordenen Farbenaufnahme ist man immer enttäuscht, weil das Gedächtnis an das Urbild noch frisch ist. Später hingegen wagt man der Platte ihre Pracht kaum zu glauben.“ In der Fotografie sieht Foerster eine große Hilfe, denn „so wird uns die Farbenplatte zu einem neuen merkwürdigen Maßstab für die Kräfte und Schwächen unseres Erinnerungsvermögens. Durch einen merkwürdigen geistigen Prozeß gehen von diesen Bildern Steigerungen und Erfrischungen auch auf das übrige Gedächtnisleben aus.“

Wenn er fotografiert, vergisst Foerster die Welt um sich herum, denn Bilder zu machen und Bilder zu betrachten ist für ihn eine Schule des Sehens und ein Sieg über das Vergessen des Gesehenen. „Was wir nicht irgendwie nachbilden und dem Strom des Wechsels und der Vergänglichkeit entrücken, besitzen wir noch nicht so tief, wie es besessen werden kann. Nur der Nachbildende lernt voll erleben.“ Und selbstbewusst behauptet er von sich und seinen Fotografien: „Ich führte neue Arten des Photographierens herauf, mit dem Ziel, die edle Pflanze im Vordergrund des Bildes herrschend und doch gleichzeitig in ihrer Gartenrolle darzustellen.“

Fotografiegeschichtlich ist Foerster der Stilrichtung der Sachlichkeit zuzurechnen, wie etwa auch Karl Blossfeldt (1865–1932), Albert Renger-Patzsch (1897–1966), Albert Steiner (1877–1965) oder Max Baur (1898–1988) – gemeinsam mit Steiner gibt er sogar das Buch „Blumen auf Europas Zinnen. Wort und Bild. Naturaufnahmen“ heraus. Foersters Fotos nähern sich ihrem

Sujet einerseits zwar mit nüchtern-dokumentarischem Blick, gleichzeitig jedoch mit dem unbedingten Willen, die Pflanzen in ihrer genialen Einfachheit und Schönheit zu zeigen – ein erklärtes Ziel der Neuen Sachlichkeit. Foerster will die Menschen das genaue Hinsehen lehren, und seine Fotografien sind für ihn dafür das ideale „Lehrmittel". Er fordert seine Leser auf, in den Gärten ebenso genau hinzusehen wie bei den Fotografien: „Denn es kommt darauf an, Qualitätsleistungen auf einem so schwierigen Gebiet wie der Pflanzenfotografie nicht einfach sang- und klanglos hinzunehmen, sondern sich der leidenschaftlichen Mühe und ausdauernden Besessenheit bewußt zu werden, ohne die gerade solch Pflanzenbilderstoff nicht zustande kommt. Es gehen ja diese Arbeiten auch meist über das hinaus, was durch sachliche Gegenwerte ausgeglichen werden kann." Im Archiv der Berliner Staatsbibliothek lagern in Foersters Nachlass noch heute kästenweise Dias – Dias von Foersters eigenen und von fremden Züchtungen, Bilder einzelner Blüten aber auch ganzer Pflanzsituationen. Sie sind Zeugnis dessen, was Foerster mit seinen Fotografien einst beabsichtigt hat, wie er sich die Pflanzen und ihre Rolle in den Gärten denkt. Das Pflanzenbild ist für ihn „Verwirklichungspionier des Gartenfortschrittes"!

„Natur redet eine wunderbare Sprache" – Foerster als Schriftsteller

Schon als ganz junger Mann beginnt Foerster mit dem Schreiben und wird den Stift bis zu seinen letzten Lebenstagen nicht mehr weglegen; es gibt in seinen Augen so viel, was er den Menschen über die Pflanzen zu sagen hat. „War das im letzten April, ... als die Trauerweide im Frühlingssturm mit ihren langen goldenen Schnüren fast waagrecht hinwehte wie das offene Haar eines schnell laufenden Mädchens, und hinter dem Schwall der Haare stahlblaue und rosa Himmelstiefen mit schwefelgelbem Grunde wechselten?" – ein solcher Satz ist für Foerster typisch.

Die Person Karl Foersters auch nur ansatzweise zu begreifen, ist kein leichtes Unterfangen, zu vielschichtig ist seine Persönlichkeit, die uns aus Veröffentlichungen über ihn, aus seinem Nachlass und seinem Werk als Pflanzenzüchter und -verwender entgegentritt. Doch wer sich mit seinem umfassenden literarischen Werk zu befassen beginnt, hat die Chance, sich zumindest einige Facetten dieses besonderen Menschen zu erschließen. Und was für ein großes Werk als Schriftsteller hat er der Nachwelt hinterlassen, denn „Natur redet eine wunderbare Sprache"! Diese versucht er seiner Mitwelt sein Leben lang zu erschließen: Er sieht sich als Vermittler, der den Menschen die Schönheit der Pflanzenwelt vor Augen führen will. Sein Anliegen als Buchautor formuliert er im Buch „Lebende Gartentabellen. Herzhafte Hilfe für Gartensucher aller Art" so: „Es kommt darauf an, Gartenbücher immer neu zu Einfallstoren in das große Reich des Gartenfortschritts werden zu lassen. Wir halten eine wirklich lebendige Gartenliteratur in alle Zeit hinaus für eine unausweichliche Notwendigkeit ... und helfen auch weiterhin unverdrossen am Werden solcher Gartenbücher mit, obwohl wir uns zwar nicht immer, aber doch meist noch lieber anderen Arbeiten an Garten und Pflanzen hingeben würden. Aber wir wollen eben mit diesem Stubensitzen weiterhin zahllose Andere hinauslocken."

Foerster wünscht sich, dass jedes seiner Bücher „dazu beiträgt, immer mehr bisher gartenlose Menschen unwiderstehlich zum Gartenleben zu ‚verführen'". Denn er weiß: „Wer der Gartenleidenschaft verfiel, ist noch nie geheilt worden; er fühlt sich dankbar immer nur tiefer verstrickt." Er ist von der großen Bedeutung guter Gartenbücher vor allem für den gärtnerischen Nachwuchs überzeugt: „Auch der jüngste Lehrling empfängt, wie wir alle wissen, weil wir doch auch einmal der jüngste Lehrling waren, durch Gartenbücher tiefere Einflüsse und nachhaltigere Weichenstellungen seiner Interessen als zunächst zutage tritt oder bewusst wird", schreibt er im Dezember 1937.

Über sich als Schriftsteller hat Foerster folgende Sätze verfasst: „Er fühlt sich im Hauptberuf als Gärtner und meint, dieser

Aufgabe ohne sein Schrifttum nicht voll dienen zu können! Den Vorwurf der manchmal ‚unsachlichen', angeblich ‚dichterisch verbrämten' Sprache belacht er froh, weil er weiß, daß dieser Eindruck durch den außerordentlichen neuen Lebensstoff hervorgebracht wird, aus dessen Bereich und Umwelt Erfahrungen, Erlebnisse und Urteile jeder Art wahrhaftig berichtet werden, – die Natur ist nicht schlicht." Viele seiner Bücher sind voll von praktischem Gärtnerwissen über „Pflanzenwissen für jede Gartensituation", wie der Untertitel eines der Bücher lautet. Menschen, die nicht die geringste Ahnung davon haben, was Stauden sind, vermittelt er eine Ahnung von den unendlichen Möglichkeiten des Pflanzenreichs. In seinen Büchern gibt der erfahrene Staudenspezialist unermüdlich Hinweise für jeden denkbaren Pflanzplatz im Garten, gibt Tipps zu Blütezeiten und zu den Besonderheiten einer jeden einzelnen Pflanze, damit sie an ihrem Standort glänzen kann – Fachwissen, das man in der Gegenwart nur noch in wenigen gartenpraktischen Büchern in dieser Qualität findet. Foerster eröffnet seinen Lesern aber das Wissen darüber, dass viele unserer Gartenpflanzen nicht etwa heimische Gewächse sind, sondern aus allen Erdteilen ihren Weg zu uns gefunden haben. „Er weckt unsere eigene Phantasie, weckt das Abenteuer, im Garten etwas zu wagen und damit die Bereitschaft, uns mit den Elementen des Gartens zu befassen ... So führen uns seine Bücher immer wieder vom Garten in den großen Weltkreis, von der Pflanze im kleinen Eck hinaus in die Weite ihres heimatlichen Standorts", so G. G. Gembel in einer Laudatio anlässlich eines runden Geburtstags Foersters. Und noch heute bieten Foersters Bücher einen unerschöpflichen Fundus an Fachwissen für junge Gärtner und ambitionierte Gartenfreunde – man muss sich nur auf sie einlassen! Foersters Schreibstil in seinen Büchern, Artikeln für Zeitungen und Fachzeitschriften, Beiträgen für Rundfunksendungen und den Geleit- und Vorworten für die Werke anderer Autoren mag für uns heutige Leser zwar etwas antiquiert und überladen wirken – selbst die Beiträge für die eigenen Gärtnereikataloge tragen seinen eigenen, unverwechselbaren Stil –, seine Botschaften sind jedoch immer noch aktuell, sein umfangreiches Pflanzenwissen ist beeindruckend.

Foerster hat der Nachwelt drei Arten von Büchern hinterlassen, zum einen „die großen Werke, die das Sortiment mit wissenschaftlicher Akribie entfalteten und vielfach erweiterten. Dann die Bücher, die seinen Lieblingsthemen, wie der Farbe Blau, dem Garten im Wandel der Jahreszeiten und dem Steingarten, gewidmet waren. Und schließlich gab es da noch philosophisch-weltanschauliche Schriften, die uns seine Lebenseinstellung und seine Hoffnungen für eine gute und gerechte Zukunft näher bringen“, schreibt Norbert Kühn im Vorwort zu einem von Foersters Büchern. Eine kleine Sammlung von Miniaturen zu verschiedenen, dem Autor lieb gewordenen Themen sind ein letzter, altersweiser Abgesang, bevor der Tod dem Bornimer Gärtner endgültig die Feder aus der Hand nimmt. Sein erstes Buch war 1911 erschienen, unter dem Titel „Winterharte Blütenstauden und Sträucher der Neuzeit: ein Handbuch für Gartenfreunde und Gärtner“, sein letztes ruft im Jahr 1968 mit seinem Titel noch einmal als Aufforderung in die Welt: „Es wird durchgeblüht. Thema mit Variationen“.

Alle 29 Bücher Foersters gewinnen schnell eine große Leserschaft. Lediglich die Kriegsjahre unterbrechen seine Buchprojekte kurzzeitig, doch unmittelbar nach dem Krieg ist Foerster als Autor wieder für seine gartenbegeisterten Leser da. Die Bücher erleben zahlreiche Neuauflagen, und an jeder weiteren Auflage wird aufs Neue gefeilt, denn „ein Romanschriftsteller kann seine Bücher unverändert neu drucken lassen – die Küsse bleiben dieselben; unsere Gartenbücher jedoch haben immer wieder ganz neue und andere Blumen ans Herz zu nehmen“, ist Foerster aus tiefstem Herzen überzeugt.

Seine große Leserschaft erreicht er, indem er auf eine „lebendige Gartenliteratur“ Wert legt, die sich gut benutzen lässt, ansprechend ausgestattet und hochwertig bebildert ist, wobei er stets auf die neuesten druck- und fototechnischen Möglichkeiten seiner Zeit setzt. Viele der in den Büchern verwendeten Fotografien stammen, wie erwähnt, von Foerster selbst und entstehen im eigenen Garten in Bornim. Aber auch andere Fotografen und Künstler tragen dazu bei, dass die Bücher nicht nur ein Vergnügen für den Geist, sondern auch für das Auge sind. Insbesondere die exquisiten Aquarelle der Malerin Esther Bartning ziehen den Leser in ihren Bann – ihr geschulter Blick für Details machen ihre Zeichnungen noch heute zu einem wichtigen Helfer bei der Bestimmung der Echtheit von Pflanzensorten.

Wer im Berliner Staatsarchiv in Karl Foersters Nachlass stöbert, findet dort noch eine große Anzahl an alten Katalogen der Gärtnerei Foerster. Aus jeder ihrer durch Alter und Gebrauch sehr abgegriffenen Seiten tritt noch heute die große Sorgfalt und Liebe zum Detail hervor, die man einst bei ihrer Herstellung hat walten lassen. Und sie sind in vielerlei Hinsicht wahre Schätze! Zum einen sind sie mit wichtigen Hinweisen für den Gartenfreund zum optimalen Umgang mit dem von ihm erworbenen Pflanzen versehen und bestechen durch ihre hervorragenden Begleittexte und -bilder. Zum anderen sind Foersters Kataloge „für die Geschichte der Pflanzeneinführung und -züchtung von großer Bedeutung“, wie der Gartenhistoriker Clemens A. Wimmer nachgewiesen hat. Denn mit ihrer Hilfe lässt sich datieren, wann Foerster und andere Züchter ihre Pflanzen erstmals auf den Markt gebracht haben.

Davon, dass Foerster von Anfang an auf eine hervorragende Ausstattung seiner Kataloge bedacht war, zeugt eben nicht zuletzt die Tatsache, dass er wenn irgend möglich Farbfotografien zur Illustration verwendet hat. Lediglich die Zeit der Inflation und des Zweiten Weltkriegs und die Mangelwirtschaft in DDR-Zeiten zwangen das Unternehmen zu qualitativen Abstrichen bei seinen Broschüren. „Mit dem Katalog in der Hand lassen wir uns zu neuen Gartenschätzen führen und ärgerlich sollten wir in der Staudenliste unserer Lieferfirma überall dort ein dickes Kreuz machen, wo wir feststellen, daß dies oder jenes immer noch nicht in das Sortiment aufgenommen wurde“, erinnert sich G. G. Gembel in der Rückschau. Foersters Kataloge haben in ihrer Zeit Maßstäbe gesetzt. So mancher Gestalter eines modernen Pflanzenkatalogs könnte heute von den klassischen Foerster-Katalogen aus guten Tagen in Sachen Qualität eine ganze Menge lernen!

Besonders hervorzuheben sind zu guter Letzt noch einmal die zahllosen Fachbeiträge, die Foerster für Rundfunksendungen, für lokale und überregionale Zeitungen, Gartenzeitschriften und natürlich für die von ihm mitgegründete Gartenzeitschrift „Die Gartenschönheit" schreibt. Die Zeitschrift entsteht 1920 in einer der schwierigsten Phasen der Weimarer Republik. Karl Foerster gründet sie zusammen mit Harry Maaß, Oskar Kühl und Camillo Schneider. Kühl, Foersters späterer Schwager, schreibt in der Erinnerung an Karl Foerster über die Entstehung der „Gartenschönheit": „Wenn ich daran denke, in welcher Stimmung wir das erste Heft herstellten: … wir saßen da und bastelten Seite für Seite. Wirklich, wir bastelten! … Jede Seite stellte uns vor eine neue Aufgabe … Und dann kam das Ringen von Heft zu Heft, bei dem die Hauptleistung du zu vollbringen hattest. Es war die schöne Zeit, die jede neue Zeitschrift erlebt, wenn sie aus der Fülle ihres Gebietes das Beste und Wichtigste herausgreifen kann … Wenn ich heute den ersten Band durchblättere, so will mir scheinen: Ein solcher Wegweiser in eine neue Welt, so geschlossen in der Wirkung, so einheitlich im Ton, so vielseitig und überraschend ist kein späterer Band wieder geworden wie der erste, der unter deiner steten Mitwirkung auch im einzelnen entstanden ist."

Man mag kaum glauben, dass dieses Projekt trotz der erst kurz zurückliegenden Inflation und Weltwirtschaftskrise in diesen schweren Zeiten tatsächlich Wirklichkeit werden konnte. Die fachliche Qualität der Zeitschrift ist das Ergebnis von Foersters intensivem Austausch mit anderen Gärtnern und Pflanzenzüchtern und seinem ständigen Bestreben, immer etwas Neues dazuzulernen. Es gibt kaum ein Thema im Reich der Stauden, zu dem Foerster sich nicht in der „Gartenschönheit" geäußert hätte. Auch hier gesellen sich zu den rein praktischen gärtnerischen Artikeln solche, die eher (garten)philosophisch-weltanschaulich ausgerichtet sind. Einen „lyrischen Monologisten

Gartenschönheit

eine Zeitschrift mit Bildern

für Garten- und Blumenfreund · für Liebhaber und Fachmann

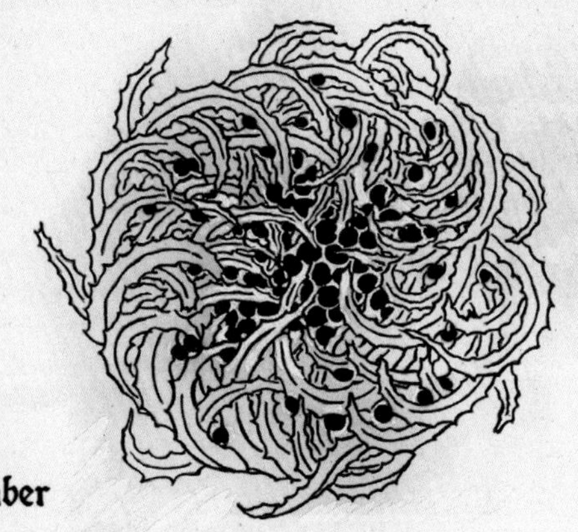

November 1920

in Gemeinschaft mit Karl Foerster

Harry Maaß und Camillo Schneider

herausgegeben von Oskar Kühl

Verlag der Gartenschönheit G.m.b.H. Berlin-Westend

Titelblatt der „Gartenschönheit“, einer Zeitschrift, die 1920 Karl Foerster mit Harry Maaß, Oskar Kühl und Camillo Schneider gründet. Die fachliche Qualität des Magazins beruht einerseits auf Foersters intensivem Austausch mit anderen Gärtnern und Pflanzenzüchtern, andererseits auf seinem lebenslangen Willen, stets etwas Neues dazuzulernen. Kaum ein Thema rund um die Stauden lässt Foerster in der „Gartenschönheit“ unbeantwortet.

träumender Naturversenkung“ hat der Schriftsteller Rudolf Borchardt Karl Foerster 1925 genannt.

Foerster war mit seinem schriftstellerischen Werk ein bedeutender Werber für das Pflanzenreich. Die Gartenarchitektin Gerda Gollwitzer hat dies in einem Beitrag über ihn treffend zusammengefasst: „Es gibt viele Fachleute, die gute Bücher für Fachleute schreiben können, und es gibt viele Laien, die den Garten dichterisch verklären. Daß aber ein bedeutender Fachmann und ausgezeichneter Pflanzenzüchter so mitreißend von seinen Blumen erzählen kann, daß ihm eine ganze Generation nicht nur staunend zuhört, sondern davon so ergriffen wird, daß sie all diese neuen Blütenstauden in ihre Gärten pflanzt – das ist wohl ein einmaliges Ereignis.“

Einfluss und Inspiration

Vom Sternenforscher und den starken Frauen – die Familie Karl Foersters

Wer Karl Foersters Erinnerungen an seine Kindheit liest, die er in zahlreichen Briefen und Büchern immer wieder zum Thema gemacht hat, gewinnt den Eindruck, dass es eine sehr glückliche Zeit und ein inniges Miteinander aller Familienmitglieder war:

Es ist nicht etwa eine Gärtnerfamilie, in die Karl hineingeboren wird. Sein Vater ist der berühmte Physiker und Astronom Wilhelm Julius Foerster (1832–1921), der in Berlin bis 1903 die Königliche Sternwarte am Enckeplatz leitet. Als junger Mann hat er noch Alexander von Humboldt kennengelernt und mit diesem in astronomischen Fragen zusammengearbeitet. Seine Ehefrau Adele Henriette Dorothee Caroline (1848–1908), genannt Ina, ist die Tochter eines Schweriner Astronomen. Als Malerin ist sie eine glühende Verehrerin des Bildenden Künstlers Arnold Böcklin und in der Welt der Kunst zu Hause.

Der Vater lehrt den jungen Karl und seine Geschwister den Blick in die Sterne, die Verehrung der Naturwissenschaften, die Mutter öffnet ihnen das Zauberreich der Kunst. „Der früheste und stärkste geistige Strom, der in unseren Kindheitsjahren auf uns Kinder ausging, hatte die Gestalt einer wahrhaft seligen

Fröhlichkeit, die wir schon vom fünften Jahr ab deutlich wahrnahmen", schreibt Foerster über diese Zeit: „Ich bin der geheimnisvollen Fröhlichkeit und Glückseligkeit des Liebens, mit der uns die Eltern verwöhnten, selten im Zusammenleben von Kindern und Eltern so wieder begegnet. Immer aber war das Fluidum des Naturlebens am Werke, an dem sich die Flammen dieser Heiterkeiten entzündeten." Die Kinder wachsen mit den Klängen klassischer Musik auf, mit der Lektüre der großen Dichter und Denker, mit der Sagenwelt der alten Griechen und Römer. Die Eltern unternehmen mit den Kindern viele Reisen, oft in die Alpenregion, aber auch ans Meer in die mecklenburgische Heimat der Mutter.

Schon früh hält Ina Foerster ihre Kinder an, sich im Garten der Sternwarte zu betätigen, und ermuntert sie, sich dort kleine Kinderbeete anzulegen. „Unsere Mutter bedachte, daß Kinder am schnellsten in Gartenleidenschaft geraten durch die Mitwirkung von Eigentumsgefühl, Verantwortung und Wetteifer", erinnert sich Foerster. Jedes der Kinder darf sein eigenes Beet anlegen, und so unterschiedlich, wie die Kinder der Foersters sind, so unterschiedlich geraten auch ihre ersten gärtnerischen Versuche! In kindlichem Wettstreit versuchen sie sich gegenseitig zu übertrumpfen, wer die schönste Schwertlilie, das erste reife Obst zu bieten hat. Und wenn man abends von einer Reise zurückkehrt, verteilt die Mutter Streichhölzer an die Kinder, damit sie sich in der Dunkelheit vom Wachstum in ihren Gärtchen überzeugen können.

Schon früh erkennt und fördert der Vater Wilhelm Foerster in seinem Sohn die Liebe zur Natur, zum Garten, die er auch selbst in sich trägt. Karl schätzt an ihm, „mit welch festlichem Vertrauen er den meisten Menschen entgegen kam und welche großen Chancen er ihnen gab. Enttäuschten sie ihn, so schien seine Enttäuschung nach Augenblicken bereits halb verjährt, und er sprach mit humorvollem Spott davon … Unser Vater steckte für uns mit den himmlischen Mächten unter einer Decke, nicht nur weil er Astronom war."

Und so sind es schon die frühen Naturerfahrungen, die den heranwachsenden Karl stark prägen. „Gleich der erste Gedanke an das ganze goldene Geflecht meiner Kindheitserinnerungen muß ein Bekenntnis zum Garten und zum gemeinsamen Leben mit der Natur werden. Denn alle lebendigen Erinnerungen an unseren Lebensmorgen im Elternhause empfangen Gestalt und Erinnerungsdauer durch irgendwelches Leben mit der Natur im Garten, in Landschaft und Himmel, Reise, Wanderung und Schiffahrt. Wenn sich diese Kindheit nur in Stadt und Haus abgespielt hätte, würden wohl drei Viertel der seelisch-persönlichen Erinnerungen fehlen. Denn die Natur erst ist der Glühkörper, durch den all die Erinnerungsflammen so strahlend werden, daß sie über ein ganzes Leben hin leuchten können", erinnert sich Foerster als alter Mann. Und vielleicht wurde bei diesen prägenden Naturerfahrungen in dem Heranwachsenden auch der Wunsch geboren, einmal selbst Gärtner zu werden.

Am Vater schätzt Karl Foerster, „mit welch festlichem Vertrauen er den meisten Menschen entgegen kam und welche großen Chancen er ihnen gab. Enttäuschten sie ihn, so schien seine Enttäuschung nach Augenblicken bereits halb verjährt, und er sprach mit humorvollem Spott davon … Unser Vater steckte für uns mit den himmlischen Mächten unter einer Decke, nicht nur weil er Astronom war … Alle unsere Sternwartenjahre wurden durchglänzt von seiner Klaviermusik. Hier war Beethoven sein Held, der große Apostel des Friedlich-

Die Mutter Ina Foerster ist eine der wichtigsten Bezugspersonen in Karls Kinder- und Jugendjahren. Der Sohn sagt über sie: „Die Mutter war kritisch mit ihren Kindern, lebte aber in einer bewegten Freundschaft mit uns, die uns oft beglückt denken ließ, daß sie außerdem noch unsere Mutter war … Alle Menschen, die mit unserer Mutter zu tun hatten, gerieten in einen glücklichen Bann." Ihre Kinder fördert Ina Foerster in all ihren jeweiligen Besonderheiten, sodass unter den Geschwistern niemals Neid aufkommt.

Heroischen.“ Karl wird diese Begeisterung für die klassische Musik, die er beim Vater bewundert, sein ganzes Leben lang begleiten.

Schon früh erkennt und fördert auch der Vater in seinem Sohn die Liebe zur Natur, zum Garten, die er auch selbst in sich trägt. Karl Foerster erinnert sich: „Der Hang zum Garten aber wurde von meinem Vater aus eigener Vorliebe befeuert, die schon von seinem Vater stammte … Die Stärke seines zugleich innigen und grandiosen Naturgefühls hing eng mit seiner ganzen Welt- und Lebensanschauung zusammen, und so war ihm die wunderbare Veredelungsfähigkeit der Blume ein leuchtendes und lockendes Modell der Veredelungsfähigkeit aller Erdendinge, die er mit einer Festigkeit der Zuversicht glaubte, die schon kaum mehr bloßes Glauben war.“ Die gleiche Einstellung wird auch Karls Weltsicht der Dinge zeitlebens prägen.

Die Mutter aber ist in den Kinder- und Jugendjahren die wohl wichtigere Bezugsperson. „Die Mutter war kritisch mit ihren Kindern, lebte aber in einer bewegten Freundschaft mit uns, die uns oft beglückt denken ließ, daß sie außerdem noch unsere Mutter war … Alle Menschen, die mit unserer Mutter zu tun hatten, gerieten in einen glücklichen Bann.“ Ina Foerster versteht es, die jeweiligen Besonderheiten ihrer Kinder zu fördern, ohne bei den Geschwistern Neid zu sähen. Sie malt bei jeder sich bietenden Gelegenheit und weckt mit ihren Bildern in dem jungen Karl die Gabe, genau hinzusehen und die Schönheit selbst in den kleinsten Dingen zu erkennen – eine Fähigkeit, die für ihn später als Pflanzenzüchter von unschätzbarem Wert sein wird. Mutter und Sohn sind einander zeitlebens sehr eng verbunden, und so schreibt Karl Foerster noch 1946, viele Jahrzehnte nach dem Tod der Mutter, an seine Brieffreundin Elisabeth Koch: „Meine Mutter und ich lebten auch so tief miteinander, und unser beider Wesen war gebaut, sich gegenseitig mit Imponderabilien zu beschenken. Mutter und Sohn kann ein Götterverhältnis sein.“

Die Mutter unterstützt ihren Sohn nach Kräften in dessen Entschluss, Gärtner zu werden. Während seiner Lehr- und Wan-

Vor allem Karls Schwester Martha (hier auf einem Gemälde der Mutter Ina) ist es, die ihm in seinen Jahren als junger Gärtner und vor allem in den ersten Bornimer Jahren durch ihr unermüdliches Wirken den nötigen Freiraum gibt, damit er sich als Gärtner, Züchter und Autor schnell einen guten Ruf erwerben kann. Ohne jegliche Hilfe bewerkstelligt sie den Umzug des ganzen Haushaltes und der Gärtnerei Foerster von Berlin nach Potsdam, während der Bruder daheim in Berlin noch am Manuskript seines ersten Buches arbeitet.

derjahre stehen beide in einem intensiven Briefwechsel, der die große Nähe spüren lässt, die sie verbindet. Als Karl seine erste Gärtnerei in Berlin-Westend hinter dem Haus der Eltern gründet, ist es die Mutter, die im Hintergrund wirkt und schafft, damit das kleine Unternehmen des Sohnes überhaupt Wirklichkeit werden und überleben kann. Sie hilft, wo sie nur kann, in der Gärtnerei mit und zeichnet erlesene Illustrationen für die ersten Gartenkataloge des noch jungen Betriebs. Den Umzug nach Bornim aber wird sie nicht mehr erleben. Sie stirbt 1908 und hinterlässt eine tief trauernde Familie. Doch die Saat der Eltern – die Liebe zur Natur – ist in Karl erfolgreich aufgegangen!

Mit seinen Geschwistern steht Karl Foerster sein Leben lang in intensivem Kontakt. Einer seiner Brüder, Ernst, wird Schiffbauingenieur, der andere, Friedrich Wilhelm, wird später als Pazifist und Philosoph mit den Nationalsozialisten derart streng ins Gericht gehen, dass er ausgebürgert wird und das Land verlassen muss.

Doch vor allem Schwester Martha ist es, die ihm in seinen Jahren als junger Gärtner und vor allem in den ersten Bornimer Jahren mit ihrem Einsatz den Rücken freihält, sodass er sich mit seinem gärtnerischen, züchterischen und literarischen Schaffen schnell einen guten Namen machen kann. Sie ist es, die den Umzug des ganzen Haushaltes und der Gärtnerei Foerster von Berlin nach Potsdam bewältigt, während der Bruder noch im Berliner Dachstübchen an seinem ersten Buch schreibt. „Ungetrübt von jeder Sachkenntnis, fuhr ich fast jeden Morgen nach

Eva Foerster mit ihrer Tochter Marianne im Garten, etwa 1933. Die junge Frau hat sich in kürzester Zeit intensiv in die für sie bis dahin völlig fremde Welt des Gartens eingearbeitet. Schnell wird sie für ihren Ehemann auch in fachlicher Hinsicht zu einem der wichtigsten Gesprächspartner in dieser produktivsten Phase seines Lebens. Die Geburt der einzigen Tochter Marianne am 1. Januar 1931 hat für die Foersters das private Glück komplett gemacht.

Bornim hinaus, um den Leuten das Gefühl zu geben, daß sich doch wenigstens jemand von der Familie drum kümmerte! Karl verstand es eben, die kleinen, nächstliegenden Pflichten einmal zu übersehen um ferner liegender, aber unbeschreiblich wichtigerer willen", schreibt sie in der Rückschau augenzwinkernd. Martha ist der gute Geist am neuen Standort in Bornim, dem Bruder und dem Vater führt sie im neuen Haus „Am Raubfang" den Haushalt; sie ist die gute Seele in der Gärtnerei, die immer ein offenes Ohr für die Anliegen und Bedürfnisse der Mitarbeiter hat. Sie tut all das, wofür Bruder Karl keine Zeit findet: „Wer sollte die Kasse übernehmen und die Bücher führen? Es blieb einfach kein anderer als ich." Der Bruder ist ihr für all dies zutiefst dankbar. Oft sitzen die beiden noch spät am Abend nach getaner Arbeit beieinander und erzählen, der Bruder liest der Schwester aus seinem gerade entstehenden Buch vor. „Wie beglückend war es für mich, seine Arbeit daran mitzuerleben … Das Leben war sehr lebenswert", denkt Martha an diese ersten Jahre in Bornim zurück. Doch sie bleibt Karl nicht auf Dauer erhalten. Als er sich mit Oskar Kühl und Camillo Schneider zusammensetzt, um über die Gründung einer gemeinsamen Gartenzeitschrift nachzudenken, verlieben sich Martha und Oskar Kühl, und die beiden heiraten alsbald. Der gute Geist von Bornim ist nicht mehr da!

Nun steht Foerster also – in vielen praktischen, geschäftlichen und haushaltlichen Dingen hilflos – mit Haus und Gärtnerei allein da. Natürlich sind da die vielen gärtnerischen Mitarbeiter, aber um ein Unternehmen von mittlerweile doch erstaunlicher Größe zu führen, braucht es einen praktischen, zupackenden Geist. Ob er sich allein aus solchen Gründen auf „Brautschau" begibt oder ob der nicht mehr ganz junge Mann eine Partnerin an seiner Seite vermisst – wir wissen es nicht, und es mag eine Mischung aus beiden Beweggründen gewesen sein. Doch als ihm bei einer Karnevalsfeier in Berlin Eva Hildebrandt buchstäblich über den Weg läuft, müssen die Götter ihre Hände im Spiel gehabt haben. Nach der Eheschließung 1927 wird sie zu Karls kongenialer Lebens- und Arbeitspartnerin, und

Eva Foerster hält in Haus und Gärtnerei alle Fäden in der Hand, sodass Karl sein immenses züchterisches und schriftstellerisches Werk bewältigen kann. Die Zusammenarbeit des Ehepaares, ihr gedanklich-fachlicher Austausch ist so intensiv, dass die Familie und die Freunde von „Karleva" reden, wenn sie über das Paar sprechen. Gerade auch in den letzten Lebensjahren Foersters ist es seine Frau, die die nicht enden wollende Korrespondenz mit Gärtnern und Züchtern auf der ganzen Welt führt.

trotz des erheblichen Altersunterschieds von 28 Jahren wird es für beide die ganz große Liebe sein.

Evas Bedeutung im „Kosmos Foerster" wird bislang stark unterschätzt, galt sie doch für viele meist nur als die hübsche junge Frau an seiner Seite. Doch ihre Rolle ist eine weit wichtigere. Nachdem sie ihre vielversprechende Karriere als Sängerin und Pianistin zugunsten ihres Mannes aufgegeben hat, erfindet sie sich neu: Sie arbeitet sich von Grund auf in eine für sie bislang völlig fremde Materie ein – die Pflanzenwelt –, und das auf höchstem Niveau. Sie ist es, die alle nun entstehenden Bücher Karl Foersters gegenliest, überarbeitet und bis zum Druck begleitet, sie schreibt die Texte für alle Kataloge, unternimmt die dafür nötigen Recherchen und steht mit so manchem Pflanzenzüchter in intensivem Briefwechsel, wie im Nachlass in der Berliner Staatsbibliothek nachzulesen ist. Sie ist es auch, die das sehr lebendige gesellschaftliche Leben im Bornimer Haus fest in der Hand hält und den Kontakt der Besucher zu ihrem Ehemann regelt. Wer Zugang zu dem in aller Welt berühmten Pflanzenzüchter haben will, „muss erst an Eva vorbei". Außerdem wacht sie genau über alle Vorgänge und natürlich „die guten Sitten" in der Gärtnerei. Wer von den jungen Gärtnern mit seiner Partnerin in der begehrten kleinen Gärtnerwohnung unter dem Dach im Hause Foerster wohnen will, muss einen Trauschein haben, da ist Eva Foerster eisern. Und wenn einer von den jungen Gärtnern einmal nicht zur wöchentlichen Besprechung mit Foerster erscheint, den begrüßt sie in der Folgewoche schon einmal mit den Worten: „Wer sind Sie? Ich kenne Sie nicht", erinnert sich Konrad Näser, damals Mitarbeiter.

Eva Foerster ist es, die in Haus und Gärtnerei nun alle Fäden zusammenhält und die ihren unermüdlich arbeitenden Mann so unterstützt, dass dieser sein immenses züchterisches und schriftstellerisches Werk überhaupt schaffen kann. Ihre Zusammenarbeit, ihr gedanklich-fachlicher Austausch ist so intensiv, dass die Familie und die Freunde von „Karleva" reden, wenn sie über das Paar sprechen. Wenn Karl Foerster auf Reisen ist, schreiben sich die beiden lange Briefe, aus denen hervorgeht, dass sie sich aufs Engste verbunden fühlen und dass sie fachlich auf Augenhöhe arbeiten. Gerade auch in den letzten Lebensjahren Foersters ist es seine Frau, die die nicht enden wollende Korrespondenz mit Gärtnern und Züchtern auf der ganzen Welt führt. Ihre enormen Verdienste in diesem Umfeld werden durch weitere gartenhistorische Forschungen noch weiter ans Licht gebracht werden müssen.

Und noch von einer weiteren Frau muss die Rede sein, wenn man Karl Foersters Familie betrachtet. Tochter Marianne, geboren 1931 und von allen liebevoll Nanni genannt, wurde von den Eltern abgöttisch geliebt. Als einziges Kind des berühmten Karl

Karl Foerster, etwa im Jahr 1961, mit seiner Tochter Marianne. Von allen liebevoll „Nanni" genannt, wird sie von den Eltern abgöttisch geliebt. Da sie das einzige Kind des berühmten Karl Foerster ist, sind die Erwartungen sehr groß, die von allen Seiten in sie gesetzt werden – sicherlich keine einfache Rolle für die junge Frau.

Foerster war ihre Rolle sicherlich keine ganz einfache, die Erwartungen aller an sie werden enorm gewesen sein. Sie sei „von Beruf Tochter", bekam sie immer wieder zu hören.

Marianne macht eine Lehre in der väterlichen Gärtnerei, was eigentlich unüblich ist, verdient man sich doch normalerweise die ersten beruflichen Sporen in einer anderen als der Familiengärtnerei. Aber vielleicht fällt es den Eltern schwer, ihr einziges Kind ziehen zu lassen. Und doch verlässt Marianne Bornim – vielleicht, um sich von diesem starken Einfluss ein wenig freizuschwimmen.

Bis heute ist Marianne Foersters Leben „an vielen Stellen geheimnisumwittert", wie es in einem Nachruf der Deutschen

Stiftung Denkmalschutz heißt. Belegt ist jedoch ihre dreißigjährige Tätigkeit im Büro des renommierten Landschaftsarchitekten René Pechère in Brüssel, den sie bei den Pflanzplänen für die Weltausstellung in Brüssel unterstützt hat; aber auch selbst soll sie dort Gartenanlagen für diverse Auftraggeber geplant haben. Nähere Forschungen hierzu stehen noch aus.

Als Marianne um die Wendezeit, also lange nach dem Tod des Vaters nach Bornim zurückkehrt, ist sie, der „Wessi", nach so langer Abwesenheit für viele eine Fremde geworden. Ihre Versuche, die Gärtnerei des Vaters wirtschaftlich wieder „flott" zu machen, verlaufen wenig glücklich, und so zieht sie sich in ihr Elternhaus zurück und unterstützt die Verantwortlichen der Bundesgartenschau 2001 bei der Rekonstruktion der berühmten Gartenanlage „Am Raubfang". Die etwas kantige, nicht ganz unumstrittene alte Dame ist in diesen Jahren immer im Garten präsent, unterhält sich oft mit den vielen Besuchern und führt sie durch den Senkgarten, wenn ihr danach ist.

Der Herbst hat im Garten Am Raubfang Einzug gehalten.

Marianne starb 2010 und ruht heute neben ihren Eltern und Großeltern im Grünen auf dem Bornimer Friedhof. Als „Tochter Karl Foersters“ wollte sie nie gern angesprochen werden, doch sie hat sich mit viel Engagement dem Erhalt und der Weiterentwicklung des Gartens gewidmet. Und mit dem Buch „Der Garten meines Vaters Karl Foerster“ hat sie ihrem Vater und dessen Garten ein sehr persönliches Denkmal gesetzt, das von ihrer Liebe zu Haus und Garten „Am Raubfang“ zeugt.

Vorbilder und Weggefährten Karl Foersters – eine spannende Zeit für Staudenverwender

Wie ist es um die Staudenverwendung in der Gartenkunst eigentlich bestellt, als Karl Foerster die Gartenbühne betritt? Wer hat ihn beeinflusst und wer spielt zeitgleich mit ihm in der Gartengestaltung eine Rolle?

Zum Ende des 19. Jahrhunderts vollzieht sich in der Pflanzenverwendung ein großer Umbruch. Der viktorianisch-historistische Stil mit seiner gedeckten Farbigkeit, seinen Teppichbeeten und seiner kleinteiligen Ornamentik (Duthweiler 2014, S. 20f.) wird als altmodisch empfunden, und ausgehend von England vollzieht sich mit der Arts-and-Crafts-Bewegung auch in der Gartenkunst ein Wandel. Der Stadtmensch verspürt das Bedürfnis nach dem (vermeintlich) heilen Leben auf dem Lande. In der Kunst strebt man zurück zu solidem, bodenständigem Kunsthandwerk, in der Gartengestaltung wird das Prinzip des Cottage-Gartens mit seiner bauerngartenähnlichen Pflanzenverwendung und einer Einheit von Haus und Garten als Ideal empfunden. In einem solchen, informellen Garten gibt es winterharte Stauden und gemischte, überbordende Rabatten aus Stauden und Sommerblumen mit fein aufeinander abgestimmten Farbkonzepten – die formale Strenge des viktorianischen Gartens sucht man hier vergebens.

William Robinsons (1838–1935) Buch „The Wild Garden“ von 1870 ist eines der wichtigen Werke, die diese Bewegung befeuern. Gertrude Jekyll (1843–1932), eigentlich gelernte Malerin, wird eine der Hauptvertreterinnen dieses neuen Gartenstils. In dem jungen Architekten Edwin Lutyens (1869–1944) findet sie einen kongenialen Partner, und mit ihm kann sie für ihre Kunden diese angestrebte Einheit von Haus und Garten verwirklichen. Sie erhebt die Verwendung von Stauden erstmals zur Kunstform, pflanzt sie in langen Bändern, so genannten Drifts, stellt sie zu interessanten Gruppen in gestaffelter Höhe zusammen, die in dieser Kombination spannende Effekte erzeugen. „Für jedes Beet hatte Gertrude Jekyll ein Farbschema entworfen. In stark definierten Gartenräumen bevorzugte sie monochrome Farbzusammenstellungen, bei linearen Rabatten Farbverläufe. Intensive Farbsteigerungen erzielte sie durch das Einstreuen von Einjahresblumen, Kübelpflanzen, Zwiebel- und Knollengewächsen“ (Kühn 2011, S. 26).

Zahlreiche berühmte Staudengärten verschiedener großer Gartengestalter entstehen in dieser Zeit wie etwa Sissinghurst, Hidcote Manor oder Great Dixter. Die Bilder dieser Gärten sind es, die auch auf dem Kontinent ein großes Echo hervorrufen und in der Gartenkunst einer intensiven Diskussion und einem Umdenken den Weg bereiten. „Reformgärten“ nennt man in Deutschland die neuen Gärten, in denen den Sommerblumen, aber eben nun auch den Stauden eine große Rolle zukommt. Zu den ersten Vertretern des neuen Gartenstils zählen der Gartenarchitekt und Kölner Gartendirektor Fritz Encke (1861–1931) sowie der Direktor der Hamburger Kunsthalle Alfred Lichtwark (1852–1914). Lichtwarks Gestaltungsvorbild sind die Pflanzen und Farbvorlieben der Bauerngärten. Encke sucht „in der üppigen und bunten Stauden-Sommerblumenfülle einen Kontrast zur strengen Linienführung des architektonischen modernen Gartens. Neben frei gepflanzten Beeten wurden damals auch farblich streng rhythmisierte Rabatten charakteristisch. Dabei grenzte man sich mit einer plakativen, kräftigen Farbigkeit bewusst von der in England beliebten dezenteren Farbgebung ab“ (Duthweiler 2014, S. 21). Anders als auf der Insel, wo die Gestalter in ihren Rabatten für jahreszeitliche Höhepunkte sorgen, bemüht man sich in Deutschland um fast ganzjährig blühende, attraktive Beetgestaltungen. In Hamburg und Essen wirkt Garten- und Landschaftsarchitekt Otto Linne (1869–1937) in ähnlichem Sinne, in Berlin steht Erwin Barth (1880–1933) für den neuen Gartenstil. Insbesondere Letzterer sieht die Bedeutung der Staude in der Gestaltung des Grüns im öffentlichen Raum. Da Stauden in öffentlichen, aber auch in privaten Gärten zu dieser Zeit eine immer größere Rolle spielen, spezialisieren sich immer mehr deutsche Gärtnereien auf Stauden.

Der Landhausstil kommt in Deutschland gut an, und Architekt Hermann Muthesius fordert Häuser und Gärten, bei denen der Garten den Stil des Hauses im Grünen weiterführt: „Deshalb teilte man ihn architektonisch in Räume auf. Die strenge Formgebung sollte durch eine üppige Bepflanzung kontrastiert werden“ (Kühn 2011, S. 30), und dazu braucht es die richtigen Pflanzen. Einer, dem genau solche Pflanzen vorschweben, die zu diesem Stil passen, ist Karl Foerster, und er wird, zusammen mit anderen Züchtern, an eben diesen Pflanzen arbeiten. Wie die genannten Gartengestalter ist auch er von den Bildern aus englischen Gärten dieser Zeit wie auch von der in England so fest verwurzelten Gartenleidenschaft tief beeindruckt: „Kein Land, in dem die Gärtnerei in höherem Maße von den Interessen und Liebhabereien des Gartenfreundes ausgegangen ist als England, und keines, in dem der gärtnerische Beruf wirtschaftlich und gesellschaftlich auf höherer Stufe steht.“ Als weiteres Vorbild in Sachen Gartenkultur nennt Foerster Ostasien und insbesondere Japan mit seinem an der Schönheit der Natur orientierten Gartenstil.

Zwei Gartengestalter prägen Foersters Denken und Arbeiten stark: Berthold Körting (1883–1930) und Willy Lange (1864–1941). Ersteren, den Gartenarchitekten Körting, bringt die Vorliebe für Wildpflanzen mit Foerster zusammen. Seine Eindrücke von den auf Reisen und während seiner Soldatenzeit im Ersten Weltkrieg in Russland gesehenen Landschaften verarbeitet Körting in Gartengestaltungen, vor allem in „Staudensteppen“, die weder Düngung und Bewässerung benötigen. Insbesondere sein in Neu-Babelsberg angelegter Privatgarten beeindruckt Foerster sehr und weckt in diesem später eine Leidenschaft für die Verwendung von Gräsern im Garten. Immer wieder verfasst Körting zudem Artikel für Foersters Zeitschrift „Gartenschönheit". Foerster würdigt ihn nach seinem Tod als einen der ersten Gestalter, dem eine Verbindung von architektonischen und naturnahen Gestaltungselementen im Garten gelungen sei.

Willy Lange wirkt zunächst als Lehrer für Pflanzenbau an der Königlichen Gärtnerlehranstalt in Potsdam/Dahlem und verfasst zahlreiche Bücher über Gärten, Gartenplanung und Gartengestaltung, bevor er sich als freischaffender Gartengestalter selbstständig macht. Er setzt sich schon früh für die Konzepte des sogenannten Naturgartens und für einen an Wachstumsstandorten orientierten Umgang mit Pflanzen ein. Er ist Verfechter „eines gleichberechtigten Verhältnisses zwischen Mensch und Natur, das heißt vor allem der Pflanze. Lange nimmt damit, lange vor modernen Befürwortern und Befürworterinnen einer ökologischen Ethik, die Kritik am sogenannten anthropozentrischen Weltbild, das den Menschen als Beherrscher der Natur sieht, vorweg. Bei einem Naturverständnis, das Mensch und Pflanze als gleichberechtigte Wesen definiert, ist es nur folgerichtig, dass Lange die Ansicht vieler seiner Zeitgenossen vom Garten als erweiterter Wohnung ablehnt. Für ihn hat der Garten primär der Pflanze zu dienen. … Ein wesentlicher Aspekt von Langes Naturgartenideal ist es, dass der Garten der jeweiligen Landschaft angepasst sein müsste" (Wolschke-Bulmahn 2009, S. 177f.). Für Foersters erstes Buch schreibt Lange das Vorwort, und wahrscheinlich plant er auch dessen Garten in Bornim.

In dieser spannenden Zeit, in der die unterschiedlichsten gartengestalterischen Ideen aufeinandertreffen, gründet Foerster mit den beiden jungen Gestaltern Herta Hammerbacher und Hermann Mattern ein Gartenplanungsbüro, dessen Entwürfe als „Bornimer Schule" der Gartenkunst der Zeit ihren Stempel aufdrücken werden.

Ansporn und Inspiration – der Bornimer „Kulturzierkürbiskreis“

„Gemeinsame Gartenfreude mit geliebten Menschen gehört zu den herzbewegenden Erlebnissen des Daseins“, resümiert Karl Foerster 1962, wenn er als alter Mann in seinem Buch „Ferien vom Ach“ auf sein Leben zurückschaut. Foerster ist Zeit seines Lebens ein Mensch, zu dem sich andere hingezogen fühlen, und so reißt der Strom der Besucher in Bornim nicht ab. Immer gern gesehen ist beispielsweise der Pianist Wilhelm Kempff, der dann häufig am Flügel in der ersten Etage des Hauses sitzt und seine Klänge durch das geöffnete Fenster hinaus in den Garten schickt. Auch Eva Foersters schöne Stimme schallt häufig durchs Haus, und Karl Foerster liebt es, ihr zuzuhören.

Manche der vielen Besucher kommen nur einige wenige Male, doch in den Zwanziger- und Dreißigerjahren entwickelt sich rund um den Potsdamer Gärtner ein regelrechter „Salon“, dem Gärtner und Gartenarchitekten, aber auch Maler, Musiker, Architekten und andere Kulturschaffende angehören. „Karl Foerster war eine geistige Größe. Wie er mit den Menschen umging, zog sie einfach an. Er strahlte durch dieses behutsame, harmonische Eingehen auf den Partner. Das war für ihn ganz wesentlich und damit sammelte er als Kristallisationspunkt eine ganze Reihe Geistesgrößen und Kulturschaffende um sich, den berühmten Bornimer Kreis“, berichtet Konrad Näser.

Der „Bornimer Kreis“, wie man ihn erst viele Jahre später nennen wird, ist kein fester Zusammenschluss, sondern ein Freundeskreis aus kunstsinnigen Menschen verschiedenster Profession, die einander sehr nahe stehen und sich über Gärten und „Gott und die Welt“ austauschen, – einige von ihnen lernen einander erst im Hause Foerster kennen. „Bornimer Kulturzierkürbiskreis“ nennt der Gartenarchitekt Kurt Lorenzen dieses lustige Klübchen einmal scherzhaft in einer Rede bei einem der Treffen. „Den Kern bildeten neben Foerster, Mattern und Hammerbacher die Gartenarchitekten Walter Funcke, Hermann Göritz, Karl-Heinz Hanisch, Richard Hansen, Gottfried Kühn,

Alfred Reich und Berthold Körting. Erweitert wurde die Gruppe um den Architekten und Schriftsteller Otto Bartning sowie seinen Bruder, den Maler Ludwig, und dessen Tochter, Esther Bartning, ebenfalls Malerin, die Architekten Hans Poelzig, Hans Scharoun, den Pianisten Wilhelm Kempff, den Dirigenten Wilhelm Furtwängler, die Schriftstellerin Karla Hoecker, den Kunsthistoriker Edwin Redslob, den Verleger Werner Stichnote und den Maler Siegward Sprotte", hat Landschaftsarchitektin Jeonghi Go herausgefunden.

Einige der „Mitglieder" dieses Kreises sind Kollegen Foersters, zu einigen ist der Kontakt entstanden, weil das Planungsbüro von Foerster, Hammerbacher und Mattern in ihrem Auftrag einen Garten angelegt oder umgestaltet hat. Alle Teilnehmer sind aufs Engste intellektuell und kreativ miteinander verbunden. Gartenarchitekten wie Berthold Körting tragen mit ihren Artikeln zu Foersters „Gartenschönheit" bei, Ludwig und insbesondere Esther Bartning schaffen zahlreiche exquisite Pflanzenaquarelle für dieses weitverbreitete Magazin. Durch den großen Anteil an Gartengestaltern und Landschaftsarchitekten ist der Bornimer Kreis jedoch vor allem eines, so darf man Jeonghi Go folgen: einer der „wichtigsten Impulsgeber der Moderne der Landschaftsarchitektur". Und auch die vielen jungen Gärtner des Betriebs haben an dieser geistig inspirierenden Atmosphäre Anteil, die sie wiederum für ihren weiteren Lebensweg entscheidend prägt.

Im Haus „Am Raubfang" herrscht ein ständiges Kommen und Gehen, der Strom von Gästen und Mitarbeitern will einfach nicht abreißen. So schreibt der Gartenarchitekt und ehemalige Foerster-Mitarbeiter Hermann Göritz über die gastfreundliche Atmosphäre im Haus Foerster: „Das Haus in Bornim war ständig offen für jedermann. Kein Tag ohne Gäste, Scharen von Gästen im Garten, Gäste zu Tische geladen, Gäste zu ernstem und zu heiterem Gespräch. Und immer auch jung und alt zum Graben nach Schätzen in der gewichtigen Bibliothek." Und so muss genau überlegt werden, wer zum Gespräch mit Karl Foerster gebeten wird, gerade auch in seinem höheren Alter, als die Kräfte

Der „Bornimer Kreis". Das Foto zeigt im Uhrzeigersinn links beginnend: Karl Foerster, Herta Hammerbacher, Hermann Mattern, Ursula Funcke, Heinz Hagemann, Beate Mattern. Foto: Marianne Foerster.

des Gärtners immer mehr schwinden und seine Schwerhörigkeit zunimmt. Eva Foerster wacht mit freundlicher Strenge darüber, wer wie lange mit „Karlchen" sprechen darf. „Eva Foerster hat das gesellschaftliche Leben gepflegt und organisiert und gesteuert. Sie hatte in der Hand, wer vorgelassen wurde und es gab auch Fälle, wo sie den Zugang zu ihrem Mann nicht erlaubt hat", erinnert sich Konrad Näser.

Doch was geschieht eigentlich bei den Treffen dieses kulturellen Zirkels? Es wird gemeinsam musiziert und gespeist, getanzt und gesungen, gedichtet und politisiert, über die Gartenwelt philosophiert und natürlich über Gartengestaltung gefachsimpelt, meist im Foersterschen Haus und Garten in Potsdam, aber oft auch im Hause Hammerbacher/Mattern. Dreh- und Angelpunkt des Freundeskreises ist in der Erinnerung aller die

Person Karl Foersters selbst: „Er wirkte im weiteren und im engeren Sinn für uns, die wir uns seinem Kreis zugehörig fühlten, wie ein Kristallisationspunkt – sehen wir es vom Gärtnerisch-Züchterischen her, sehen wir es vom Gesichtspunkt seiner künstlerischen Absichten aus, von der menschlichen Seite – denn was pflegte er für Freundschaften und was konnte er all seinen Gärtnern und Mitarbeitern sein … Karl Foerster empfing uns, wie alle seine Besucher, mit unvorstellbarer, gütiger Freundlichkeit, und er holte uns gewissermaßen gleich ganz zu sich", erinnert sich Herta Hammerbacher in der Rückschau.

Nach dem Zweiten Weltkrieg lebte der „Bornimer Kreis" nie wieder in der Form auf wie einst in den Zwanziger- und Dreißigerjahren. So mancher Gast hat den Krieg nicht überlebt, einige der Schüler hat es in ganz andere Weltgegenden gezogen, und der „Eiserne Vorhang" machte den Besuch alter Kollegen und Weggefährten zusätzlich schwer. Doch in der Erinnerung vieler Freunde des Ehepaars Foerster ist der Zauber von Bornim nie ganz erloschen, ja er leuchtet noch heute aus den vielen Nachrufen und Briefen hervor, die zum Tode Karl Foersters verfasst worden sind. So schildert etwa der Maler Siegward Sprotte die besondere Atmosphäre des Ortes: „Im Garten erschienen Ost und West, Orient und Okzident in ständigem Zwiegespräch miteinander." Und lesen wir auch noch einmal Hermann Göritz: „Mit welcher Unvoreingenommenheit, mit welchem reinsten Glauben begegnete Karl Foerster jedem Menschen! Mitgefühl – Mitleiden und Mitfreuen – führten aus innerstem Kern das brüderliche Du auf den Lippen und die brüderliche Hand auf die Schulter. So manchem Zweifler, Einsamen und Unglücklichen wurde geholfen, nicht nur durch Wort und Geste, sondern durch die entscheidende Tat … Dann kam der Krieg. Er zerstörte viel. Aber die Ideen und Anregungen, die von hier ausgingen, konnte er nicht zerstören."

Gärten, Pflanzen und Menschen – das Erbe Karl Foersters

Das „kleine Elysium“ – Haus und Garten Foersters in Bornim

„Hinter Bornstedt liegt Bornim. Wir sind dort am Frühnachmittag den schmalen Pfad von der Heerstraße zur Gärtnerei gegangen. ‚Gärtnerei!‘ ist ein schwaches Wort für diese insulare Wunderwelt Karl Foersters. Für seinen ‚Senkgarten‘ mit Seerose, Schwertlilie, Goldranunkel, Kletterrose, Aster, Tulpe, Rittersporn. Für den ‚Frühlingsweg‘ mit Schneeglöckchen und Primel. Für den ‚Naturgarten‘ mit der Vegetation der Bergflur, des Buchenwaldes und der Heide. Mit Wacholder, Wildrose, Ginster, Thymian. Mit Buche, Eibe, Hasenfuß, Veilchen, Vergißmeinnicht, Waldmeister. Mit Schneeheide, Glockenblume, Hirschzunge, Eisenhut, Storchschnabel, Königskerze, Ehrenpreis. Für den ‚Steingarten‘, der Vorfrühling, Frühling, Fruchtsommer und Herbst zusammenfasst. Für den ‚Versuchsgarten‘, der alle die Steingartengewächse ausbildet, die von hier in neue Gärten wandern. Für die ‚Gärtnerei‘ selbst“, so ein Besucher des Gartens im Jahr 1926.

Noch Jahrzehnte nach Foersters Tod verströmen Haus und Garten in der Straße „Am Raubfang“ eine ganz besondere

So zeigt sich der berühmte Senkgarten in Bornim kurz nach seiner Entstehung. 1930 schildert Foerster seinen Garten: „Innerhalb der kletterrosenberankten Pergola ist versucht [worden], die Farben der Stauden und Dahlien in der Zeit von Anfang April bis in den Oktober hinein so zu entfalten und zu komponieren, daß immer wechselnde anziehende Bilder entstehen. In der Mitte liegt ein Seerosen-Wassergärtchen innerhalb eines Ufergärtchens, in dem die wirksamsten Gewächse vom Charakter der Uferstauden von April bis Spätsommer blühen. Schwertlilien, Thalictrum, Goldranunkeln, hohe Gräser, Bambus, Taglilien und Anchusa. Höhepunkt der Wirkung großer Farbgewächse sind die Florzeiten von Kletterrose und Rittersporn, niederen blauen Astern mit gelben Rudbeckien und orangeroten Dahlien, Tulpen und Iris."

Atmosphäre. Wer an einem Wochentag am frühen Vormittag oder späten Nachmittag kommt, kann häufig das Glück erleben, fast als Einziger durch den bezaubernden Garten zu wandeln. Und ein paar Worte mit Kristina Scheller zu wechseln, der Gärtnerin, die bei Foerster-Stauden ihre Ausbildung gemacht hat und das herrliche Ensemble aus Haus und Garten nun schon seit vielen Jahren so liebevoll und kundig pflegt. Für die

Der Garten hat sich im Lauf der Zeiten gewandelt – nach wie vor bildet er jedoch mit dem Wohnhaus eine gelungene Einheit, die die Blicke des Betrachters auf sich zieht

Freunde des Hauses, die Mitarbeiter der Gärtnerei und natürlich Familie Foerster selbst waren dieses Haus und dieser Garten immer ein „kleines Elysium", wie es der ehemalige Mitarbeiter Konrad Näser beschreibt.

Als Karl Foerster 1910 seine Zelte in Berlin abbricht, um ein neues Areal für seine Gärtnerei und ein neues Zuhause zu suchen, wird er in Potsdam fündig. Nördlich des Parks von Sanssouci erwirbt er von einem Bauern ein 5000 Quadratmeter großes Stück Land in der sogenannten „Bornimer Feldflur", die schon Teil des großen Verschönerungsplans Peter Josef Lennés für das Potsdamer Umland gewesen ist. 1911 ist auf dem Gelände bereits das neue Wohnhaus fertig.

Wer der Architekt des Wohnhauses war, liegt im Dunkeln, da die Bauakten verloren gegangen sind. Im typischen Landhausstil der Zeit errichtet, in dem auch Alfred Messel oder Hermann Muthesius bauten, zeigt das Gebäude zu jeder Seite eine anders

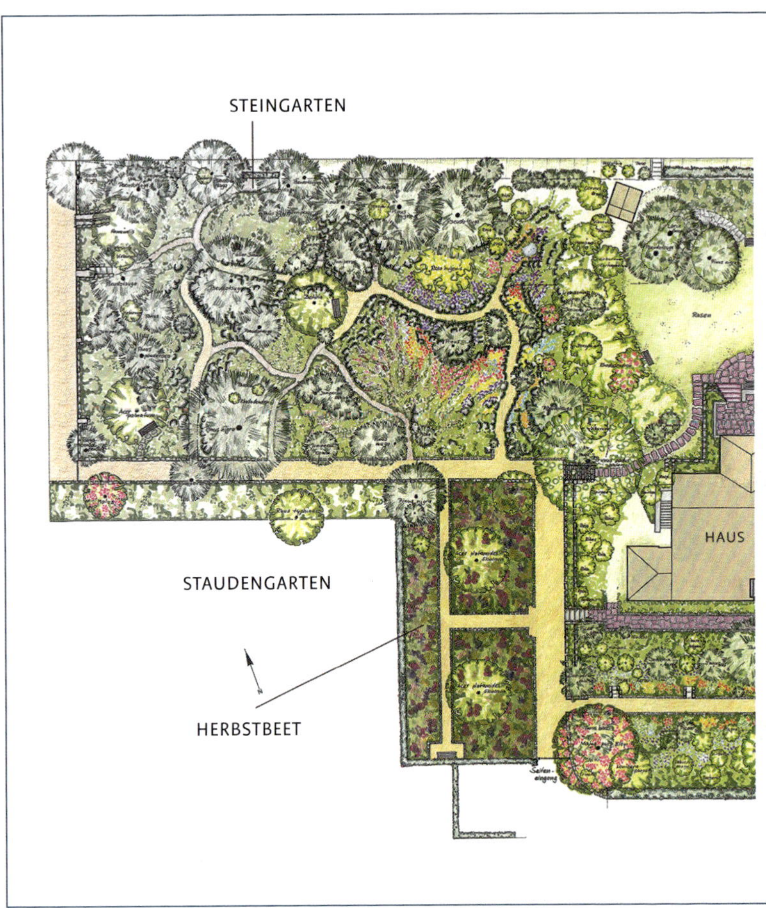

Der Plan des Gartens „Am Raubfang“ in Potsdam-Bornim: Freunde des Hauses, die Mitarbeiter der Gärtnerei und natürlich Familie Foerster betrachteten diesen Ort als eine Art „kleines Elysium“. Wer den Garten an einem Wochentag am frühen Vormittag oder späten Nachmittag besucht, kann mitunter fast als Einziger durch das bezaubernde Areal wandeln.

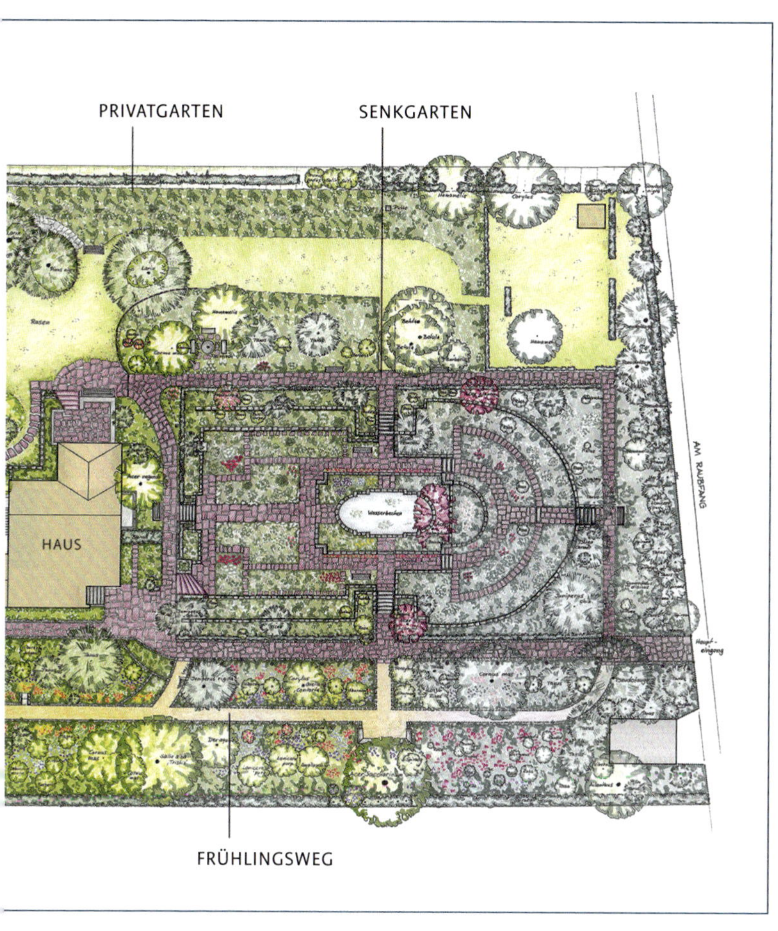

Und bestimmt trifft er dort auf Kristina Scheller, eine Gärtnerin, die bei Foerster-Stauden ihren Beruf gelernt hat und das herrliche Ensemble aus Haus und Garten nun schon seit vielen Jahren so liebevoll und kundig pflegt.

gestaltete Fassade. Über eine kleine Eingangshalle gelangt man in das Arbeitszimmer samt Bibliothek, wo der „Staudenmissionar“ Foerster sein umfangreiches schriftstellerisches Werk verfasst hat. Nach der umfassenden Renovierung dieser Räumlichkeiten gewinnt der heutige Besucher den Eindruck, der große Mann sei „nur mal kurz im Garten“, um anschließend wieder an den Schreibtisch zurückzukehren. Zum berühmt gewordenen Senkgarten hin öffnen sich die Panoramafenster des Speiseraums, dessen holzvertäfelte Wände eine Nische mit einem gemütlichen Alkoven bergen, in dem Foerster seine letzten Lebenstage verbracht haben soll. Auch das Esszimmer sieht noch fast genauso aus wie zu Foersters Lebzeiten. Hier saß man einst mit Familie, Freunden und anderen Gästen zusammen und debattierte, bevor man sich dann vielleicht nach dem Essen durch den angrenzenden Wintergarten zu einem Spaziergang durch den Garten aufmachte. In der ersten Etage finden sich mehrere Wohn- und Schlafräume, im Dachgeschoss wohnten früher junge Gärtner in der kleinen Gärtnerwohnung. Sehenswert ist auch die vor einiger Zeit frisch restaurierte Küche im Souterrain mit ihrer historischen Kochmaschine, wo die Haushälterin „Tante Elli“ das Regiment führte und die Kochlöffel für das immer mit Gästen gefüllte Haus schwang.

Rund um das Haus erstreckt sich seit über hundert Jahren ein „Garten der sieben Jahreszeiten“, in dem fast rund ums Jahr etwas Blühendes zu entdecken ist – genauso, wie es Karl Foerster einst in seinen Schriften und Büchern gefordert hat. Der Garten selbst war von Anfang an nie nur als Privatgarten, sondern als eine Art früher Schaugarten auch für die Kunden gedacht. Hier konnten sie sehen, was sich mit den Pflanzen alles anstellen ließ, die sie in der angrenzenden Gärtnerei erworben hatten. Wer den Garten entworfen hat, ist unklar, dass der Obergärtner Emil Pusch maßgeblich an der Entstehung des Foersterschen Hausgartens mitgewirkt hat, steht aber fest – vielleicht waren auch noch andere Landschaftsarchitekten, Foersters Mitarbeiter oder Freunde an der Gestaltung beteiligt (vgl. Kühn 2018). Zwar haben sich keine Bepflanzungspläne aus

Wie das Tor zu einem grünen Feenreich wirkt dieser Teil des Gartens.

der Entstehungszeit erhalten, alte Fotos hingegen durchaus: Sie zeigen den Garten in seinen Anfangsjahren.

Der Garten Karl Foersters entsteht in einer Zeit, in der die Vertreter des sogenannten landschaftlichen Stils und des architektonischen Gartens gestalterisch miteinander ringen. Foersters Ansatz ist es, diese beiden „Schulen" im Garten zu versöhnen – sein Garten soll ebenso naturhafte wie architektonisch geprägte Bereiche haben. Dies gelingt ihm, indem er das Areal in verschiedene Gartenräume einteilt, die entweder mehr dem einen oder eher dem anderen Prinzip verpflichtet sind. Dem wildnishaften Stil sind der „Steingarten" und der „Naturgarten" zuzuordnen, während der „Frühlingsweg", der „Herbstgarten", der „Senkgarten" und der heute nicht mehr vorhandene „Versuchsgarten" nach dem architektonischen Prinzip gestaltet wurden. Foersters Ziel war, auf relativ kleinem Raum eine Vielzahl verschiedener „Lebenswelten“ zu zeigen. Hier im Kleinkosmos des Foersterschen Gartens sollte der Besucher die Fülle der Möglichkeiten erleben können, die die Pflanzenwelt ihm bietet.

Das grüne Refugium wurde im Laufe der Jahrzehnte und durch die Folgen des Krieges und anderer struktureller Veränderungen immer wieder stark in Mitleidenschaft gezogen. Es war ein großes Glück, dass der Garten anlässlich der Bundesgartenschau 2001 denkmalgerecht restauriert werden konnte, sodass Besucher ihn heute wieder fast so erleben können, wie ihn sich Karl Foerster gedacht hat. Lediglich der einstige Versuchsgarten wurde nicht wiederhergestellt – dieser Bereich gehört heute zur Gärtnerei Foerster-Stauden.

Viele Besucher betreten den Garten heute über den „Frühlingsweg“. Der Name kommt nicht von Ungefähr, denn hier finden sich die schönsten blühenden Vertreter des Winters, des Vorfrühlings und des Frühlings vereint. Bereits in dieser Jahreszeit wird man von einem Meer aus Zwiebel- und Knollengewächsen erwartet, wie Schneeglöckchen, Christrosen und Krokussen, Narzissen, Tulpen und Adonisröschen, zu denen sich dann später Blauglöckchen, Lerchensporne und Primeln gesellen. Für diese Vielfalt bieten zahlreiche Gehölze einen dekorativen Rahmen, angefangen bei der Zaubernuss, die schon im Winter ihre zart duftenden Blüten trägt, über eine immergrüne Stechpalme bis hin zu Silber-Ahorn, Kornelkirsche, Trauerweide, Seidelbast und Vorfrühlings-Alpenrose – ein sinnlicher Beweis von Foersters Postulat, dass ein Garten auch so früh im Jahr schon viel fürs Auge zu bieten haben kann!

Und dann ist da natürlich der berühmte Senkgarten – der am häufigsten abgebildete und zugleich am schwersten zu fotografierende Bereich des Gartens! „Von der kleinen Wohnterrasse führen ein paar Stufen in das eingesenkte Gärtchen, das ein Wasserrosenbecken noch vertieft. Der Blick vom Wohnraum senkt sich gern in das versenkte Gärtchen“, schrieb Foerster 1953. Viele halten ihn für den Erfinder des Senkgartens, doch ist dieses Gartenmotiv schon viel älter, wie Clemens

Geradezu überbordend schön empfängt der Garten den Besucher im Herbst.

Im winterlichen Raureif werden die Strukturen des Senkgartens besonders gut sichtbar.

A. Wimmer nachgewiesen hat (2012). Vielleicht haben Fotos der englischen Arts-and-Crafts-Gärten als Anregung für diesen bezaubernden Gartenteil gedient. Die blaue Pergola, die diesen Bereich einst einrahmte, gibt es schon lange nicht mehr, und durch die Überarbeitung durch Hermann Göritz hat der Senkgarten weitere Wege, Trockenmauern und Treppen erhalten, wodurch weitere interessante Pflanzbereiche entstanden sind. Zudem wirkt so der Kontrast zwischen baulicher Strenge und überbordender Bepflanzung noch stärker. 1930 schilderte Foerster seinen Garten folgendermaßen: „Innerhalb der kletterrosenberankten Pergola ist versucht [worden], die Farben der Stauden und Dahlien in der Zeit von Anfang April bis in den Oktober hinein so zu entfalten und zu komponieren, daß immer wechselnde anziehende Bilder entstehen. In der Mitte liegt ein Seerosen-Wassergärtchen innerhalb eines Ufergärtchens, in dem die wirksamsten Gewächse vom Charakter der Uferstauden von April bis Spätsommer blühen. Schwertlilien, Thalictrum, Goldranunkeln, hohe Gräser, Bambus, Taglilien und Anchusa. Höhepunkt der Wirkung großer Farbgewächse sind die Florzeiten von Kletterrose und Rittersporn, niederen blauen Astern mit gelben Rudbeckien und orangeroten Dahlien, Tulpen und Iris.“ Überall grünt und blüht hier etwas, und sogar in den Fugen der Mauern und Stufen begrüßen uns hübsche Steingartengewächse. Natürlich haben die Jahrzehnte auch in diesem Gartenteil ihre Spuren hinterlassen. Die Bepflanzung, die hier heute zu erleben ist, geht auf das Bestreben von Karl Foersters

So zeigt sich der Senkgarten in Karl Foersters Bornimer Gartenparadies dem heutigen Besucher. Seine Üppigkeit nimmt das Auge des Betrachters gefangen. Gemeinsam mit dem ersten Obergärtner Emil Pusch legte Foerster diesen Garten an, bei dessen Gestaltung Anregungen von Gartenarchitekt Willy Lange (1864–1941) eingeflossen sein sollen. Der Garten, den sein Besitzer so sehr liebt, birgt all das in sich, was zu einem Garten à la Foerster gehört: Blütenstauden und Zwiebelpflanzen, Gräser, Farne und Gehölze, gerahmt von einer Kulisse aus Bäumen.

In dem Taubenhaus, das nach alten Vorlagen neu geschaffen wurde, haben sich wieder geflügelte Hausbewohner eingefunden.

Über die schmucke weiße Gartenbank gleitet der Blick des Betrachters in die Weiten der Bornimer Feldflur jenseits des Foerster-Gartens.

Tochter Marianne zurück, den Senkgarten das ganze Jahr über für den Besucher attraktiv zu machen. Das Auge weiß gar nicht, wohin es in diesem der Reformgartenbewegung verpflichteten Gartenteil zuerst schauen soll! Und erst vor einiger Zeit wurde hier wieder ein nach alten Plänen rekonstruiertes Taubenhaus aufgestellt, das es in dieser Form schon zu Foersters Zeiten gegeben hat.

Wer seine Schritte wieder hinauf zum Haus wendet, geht an diesem vorbei am sogenannten „Herbstbeet“ entlang. Hier setzen heute nach einer Umgestaltung durch den Berliner Landschaftsarchitekten Christian Meyer zwei Kugelahorne, ein Pfaffenhütchen und ein panaschierter Hartriegel sowie Spät-

Eines von vielen kleinen Details im Foerster-Garten: Die Küchenschelle ist ein ebenso zarter wie aparter „Hingucker“ im Garten.

Schon im Frühjahr, wenn die Tulpen ihre hübschen Akzente setzen, ist der Garten einen Besuch wert.

sommer- und Herbststauden wie Helenium, Chrysanthemen, Herbstastern und Herbstanemonen im ausgehenden Gartenjahr bildhübsche Akzente.

Auch der „Steingarten“, von dessen einstiger Pracht im Laufe der Jahrzehnte nur noch wenig geblieben war, wurde 2008 entsprechend Karl Foersters Buch „Der Steingarten der sieben Jahreszeiten“ neu bepflanzt. Hier lassen sich rund ums Jahr – vom Vorfrühling bis in den Winter hinein – die von Foerster so geliebten Zwergsträucher, Polsterpflanzen, Fels- und Fugengewächse erleben: Steinbrech, Sonnenröschen und Ramondia lassen grüßen! Man betritt hier eine ganz eigene Welt und trifft unvermutet auf kleine Felspartien, eine Nische mit einer kleinen Quelle und eine Farnschlucht en miniature. Hier erlebt der Wintergast augenfällig, wie schön ein Garten auch im Winter sein kann – ganz so, wie Karl Foerster es gewollt hat!

In dem einst als „Naturgarten“ gestalteten Bereich wollte Foerster die drei Vegetationsbereiche Bergflur, Heide und Buchenwaldrand inszenieren. Dieser Gartenbereich wurde jedoch schon 1930 in einen privaten Wohngarten für die Familie Foerster umgewandelt; man wollte einen ungestörten Rückzugsort haben – zu groß war der Ansturm der Besucher im Laufe der Zeiten geworden. Das reetgedeckte „Balihäuschen“, das ehemalige Gartenhaus von Marianne Foerster nach einem Entwurf von Herta Hammerbacher, hat hier seit 2013 wieder seinen angestammten, alten Platz gefunden. Dieser Gartenteil ist auch heute noch nicht für Besucher zugänglich und wird von den Gärtnern genutzt, die den Garten pflegen. Doch man erhascht einen Blick über die weiße Ostramonda-Bank hinweg weit über den Garten hinaus in die Bornimer Feldflur.

In jeder der „sieben Jahreszeiten“ erschließt sich Foersters Garten dem Betrachter auf eine ganz andere, so nicht vermutete Art und Weise, und in jeder dieser sieben Jahreszeiten ist er auf seine eigene Art am schönsten. *Ein* Besuch reicht also nicht, um diesen Garten so zu erleben, wie Foerster selbst ihn gedacht, erlebt und geliebt hat. Wie hat es Norbert Kühn in seinem Buch über den Garten so schön formuliert? Der Garten „informiert, inspiriert und verzaubert. Als lebender Ausdruck der Foersterschen Ideenwelt kündet er von der Verschmelzung von Natur, Pflanze und Gartenkunst“!

Ein Staudengarten für alle – die Freundschaftsinsel in Potsdam

Den Namen „Freundschaftsinsel“ trägt das kleine grüne Eiland inmitten der brandenburgischen Landeshauptstadt schon lange. Ein kleines Lokal mit Namen „Zur Freundschaft“ war Namensgeber des ursprünglich wildnishaften Inselchens, das von zwei Havelarmen eingefasst wird. Hier entsteht Ende der Dreißigerjahre auf Initiative Karl Foersters der erste Schau- und Sichtungsgarten. Bereits 1917 wirbt der Bornimer Gärtner für eine solche Art von Gärten: „Solche Schaugärten, die in keiner großen Stadt fehlen sollten, werden nicht nur den Laien beständig neue überraschende Eindrücke vermitteln, wieweit deren Blumengärten hinter den bequemsten Möglichkeiten des neuen Blumengartens zurückbleiben, sondern sollen auch den jungen Gärtnern wichtige Stätten lebendiger Anregung bieten.“ 1941 zeigt sich der fertige Schau- und Sichtungsgarten den erstaunten Potsdamern erstmals in seiner ganzen Schönheit. Die Gestaltung stammt von Hermann Mattern – sein Entwurf ist seinerzeit nicht unumstritten –, die Pflanzpläne von Hermann Göritz.

Hinter den schmucken Torhäuschen der Architekten Esdorf und Winkler eröffnet sich dem Besucher ein prachtvoller Blick auf mehr als 2000 Arten und Sorten von Stauden, schön gewachsene Gehölze und eine große Zahl von prachtvollen Rosen. Das Rückgrat der Gestaltung bildet eine Pergola mit Säulen aus Wesersandstein, die den Verlauf der Mauer am Ufer eines der Havelarme aufnimmt. Von hier breiten sich fächerförmig die prachtvollen Staudenbeete aus. In diesem grünen Refugium konnte Foerster den Menschen zeigen, welche Vision eines Staudengartens ihm vorschwebt, welche Pracht sich mit einer gekonnten Staudenverwendung auch in ihre Gärten holen ließ. Denn es genügte ihm nicht, über die schier unbegrenzten Möglichkeiten der Staudenverwendung nur zu schreiben: Er wollte den Gartenliebhabern ein anschauliches Beispiel dieser Möglichkeiten aufzeigen und bislang noch Gartenferne zu Gartenfreunden machen. Diese Idee vom Sichtungsgarten machte Schule und weitere in Deutschland folgten, wie etwa das Gelände auf dem Stuttgarter Killesberg nach den Plänen von Mattern.

Doch im Zweiten Weltkrieg setzen schwere Zerstörungen der Pracht auf der Freundschaftsinsel ein jähes Ende. Eines der beiden Torhäuser wird zerstört und das, was vom Schaugarten überhaupt noch übrig geblieben ist, wird in Äcker umgewandelt, auf denen Nahrungsmittel für die hungernde Stadtbevölkerung angepflanzt werden. Die Gartenkunst muss erst einmal hinter den Notwendigkeiten des Überlebens zurückstehen. Doch kaum ist die schlimmste Not überstanden, macht sich Foerster 1953 erneut für „seine" Freundschaftsinsel stark. Und wieder sind es Göritz und Mattern, die die Insel in ein Staudenparadies verwandeln, dieses Mal ergänzt um die (heute noch erlebbare) Wasserachse, die bereits zum ersten Gestaltungsplan gehört hat, seinerzeit aber nicht ausgeführt worden ist. Die Weltfestspiele im Jahr 1973 bescheren der Insel unter anderem eine Freilichtbühne, ein Restaurant, einen kleinen Bootshafen, ein Ausstellungsgebäude sowie den „Freundschaftsbrunnen".

Die „Freundschaftsinsel" trägt ihren Namen bereits seit Langem. Ende der Dreißigerjahre setzte sich Karl Foerster dafür ein, dass auf dem kleinen Eiland der erste Schau- und Sichtungsgarten in Deutschland entstehen konnte. Schon viele Jahre zuvor hatte der Bornimer Gärtner für diese Idee vom Garten geworben: „Solche Schaugärten, die in keiner großen Stadt fehlen sollten, werden nicht nur den Laien beständig neue überraschende Eindrücke vermitteln, wieweit deren Blumengärten hinter den bequemsten Möglichkeiten des neuen Blumengartens zurückbleiben, sondern sollen auch den jungen Gärtnern wichtige Stätten lebendiger Anregung bieten."

Und nach Foersters Tod verleiht das bewährte Planungsduo der Freundschaftsinsel in einer weiteren Ausbauphase (1974–1979) die Gestalt, in der man sie auch heute noch in Ansätzen erleben kann.

Der heutige Besucher entdeckt auf der Freundschaftsinsel nicht nur vielfältige Pflanzen, auch die Kunst hat hier ihren Platz. Eines der Kunstwerke ist eine markante, himmelwärts strebende Stahlskulptur des Künstlers Christian Roehl. Sie wurde zum 100. Geburtstag Karl Foersters auf der Insel aufgestellt und trägt den Schriftzug mit den Foerster-Worten: „Wer Träume verwirklichen will, muss wacher sein und tiefer träumen als andere!" Brunhilde Hanke, damals Oberbürgermeisterin von Potsdam, hat sich für das nicht unumstrittene Kunstwerk eingesetzt. Die letzte Gestaltungsphase, die die Insel geprägt hat, ist der Bundesgartenschau von 2001 zu verdanken. Über 100 000 Stauden und 35 000 Blumenzwiebeln wurden aus diesem Anlass neu gepflanzt.

Heute nähert man sich dem inneren Staudengarten über eine weite Rasenfläche und schlendert an den beiden Torhäusern vorbei zum Herz des Gartens. Einige große alte Solitärbäume, unter denen im Frühjahr ein Meer von Blumenzwiebeln zum Blühen kommt, bilden einen malerischen Rahmen. Aus Anlass der Gartenschau haben Schüler und Weggefährten Foersters und andere Pflanzenspezialisten in einer europaweiten Suchaktion versucht, die zu diesem Zeitpunkt noch erhältlichen Staudenzüchtungen Karl Foersters an diesem historischen Ort erneut zusammenzutragen. Über 200 Züchtungen hat man damals noch aufgespürt. Foerster hätte es bestimmt gefallen, sie nun wieder auf „seiner Insel" zu erleben.

Dass auf der Freundschaftsinsel ein Staudengarten in diesen Dimensionen existiert hat und heute noch existiert, war übrigens nie selbstverständlich – zu groß waren stets die Begehrlichkeiten, dieses attraktive „Filetstück" inmitten der Stadt und in unmittelbarer Nähe des Hauptbahnhofs in Bauland umzuwandeln. Daher brauchte es zu allen Zeiten Menschen, die sich für dieses Kleinod einsetzten, für seinen Erhalt kämpften. Man

Wer die Freundschaftsinsel heutzutage besucht, trifft dort nicht nur auf vielfältige Pflanzen, sondern auch auf zahlreiche Kunstobjekte. Eines der Kunstwerke schuf der Künstler Christian Roehl. Diese markante, himmelwärts strebende Stahlskulptur fand ihren Platz auf der Insel anlässlich des 100. Geburtstags von Karl Foerster. Sie trägt den Schriftzug mit den Foerster-Worten: „Wer Träume verwirklichen will, muss wacher sein und tiefer träumen als andere!“

braucht sie auch heute noch. Und so gab es glücklicherweise immer einen „Inselgärtner“, der die Freundschaftsinsel „erhielt“ und sie zusammen mit einem Team von ihm unterstellten Gärtnern weiterentwickelte und durch die Zeitläufe steuerte. Auf Peter Altmann, der die Geschicke der Insel von 1953 bis 1980 engagiert lenkte, folgte für lange Jahre der rührige Jörg Näthe, der noch immer dem Freundeskreis der Insel vorsteht. Er gab 2013 den Staffelstab an Thoralf Götsch ab, der mit seinem Team von Gärtnern heute dafür sorgt, dass die Freundschaftsinsel so viele Jahrzehnte nach Karl Foersters Tod noch Gartenfreunde aus der ganzen Welt in ihren Bann zieht. Und beständige Pflege braucht ein Ort wie dieser, denn nichts bleibt wie es ist – schon gar nicht in einem Garten. Könnte Foerster erleben, wie viele Menschen, junge und alte, sich auch heute noch an einem sonnigen Tag in diesem grünen Staudenparadies inmitten der Großstadt tummeln, hätte er sicherlich seine Freude.

Wohnraum im Grünen – ein wiederentdeckter Foerster-Garten

Im „Garten Abraham“ erinnert heute nur noch ein breiter asphaltierter Weg an die Mauer der DDR, die am Ufer des Groß Glienicker Sees entlang und eben auch hier verlief. Ein Foto in Karl Foersters Buch „Garten als Zauberschlüssel“ von 1934 zeigt

Auf der Potsdamer Freundschaftsinsel taucht der Besucher ein in ein Meer aus Stauden. Es ist aber beileibe nicht selbstverständlich, dass es an dieser Stelle immer noch einen Staudengarten in diesen Dimensionen gibt. Zu allen Zeiten gab es Begehrlichkeiten, Planungen, dieses attraktive „Filetstück“ inmitten der Stadt und in unmittelbarer Nähe des Hauptbahnhofs in Baugrundstücke aufzuteilen. Doch glücklicherweise haben sich stets Menschen gefunden, die für den Erhalt der Freundschaftsinsel als Garten kämpfen, allen voran der jeweilig amtierende „Inselgärtner“.

diesen Garten mit seinem ungewöhnlich geformten Wasserbecken, in dem Seerosen wachsen. Das Anwesen wurde 1929/30 als Landhaus für das jüdische Ehepaar Dr. Adolf und Anna Abraham am Ufer des Groß Glienicker Sees errichtet. Viele wohlhabende Berliner ließen sich damals im Berliner Umland solche Häuser bauen, um in der Nähe eine leicht zu erreichende „Sommerfrische" zu haben. In diese Häuser lud man seine Freunde ein, musizierte zusammen, fachsimpelte und unterhielt sich kultiviert über Politik, Kultur und Zeitgeschehen. Zur Straßenseite präsentiert sich das Haus relativ schlicht im Stil der neuen Sachlichkeit – Prunk und Protz war die Sache der Abrahams nicht –, im Innern des Hauses jedoch lädt eine große, elegante Wohnhalle zu Festivitäten und Geselligkeiten aller Art ein. Die Abrahams wünschten sich ein Sommerdomizil, bei dem Haus und Garten aus einem Guss sind, sich gegenseitig ergänzen.

Aber zurück in die Zwanzigerjahre: Die Architekten des Gebäudes sind Otto Block und Dr. Richard Oppenheim. In Foersters Büro für Gartengestaltung finden sie für die Umsetzung des Gartens Partner, die die architektonische Sprache des Hauses ins Grüne übertragen. Der Garten kombiniert sehr sichtbar Elemente des englischen Landschaftsgartens mit einem „belt walk", einem „pleasure ground" und einem Badehaus als *point de vue* mit solchen des Renaissancegartens (formale Beetgestaltung, Terrassen), was hier sicher kein Zufall ist. Die Strenge der kubischen Architekturform wird durch die überquellenden Teppichstauden gemildert.

Damit ist der Garten Abraham, der von seinen heutigen Besitzern seit einiger Zeit liebevoll originalgetreu restauriert wird, eines der seltenen, heute noch (oder besser: wieder) zu sehenden Beispiele der „frühen Bornimer Schule". Er ist quasi eine Erweiterung des Wohnraums in die Landschaft hinaus, oder wie Hermann Mattern und Herta Hammerbacher es selbst einmal schrieben: „In meinen Augen heißt den Garten von heute bauen: Gestalten vom klaren Aufbau des Gartengerippes an bis in die letzten Schwingungen des Pflanzenwuchses; so gestalten, dass Gebautes und Gepflanztes eine Einheit bilden." Dieses

Blick vom Haus in den „Garten Abraham“ – ein exzellentes Beispiel für eine Planung aus der Frühphase der gartenplanerischen Arbeitsgemeinschaft von Karl Foerster, Herta Hammerbacher und Hermann Mattern. Deutlich sieht man hier das harmonische Nebeneinander geometrischer und naturnaher Gestaltungselemente. In unmittelbarer Hausnähe bestimmen geometrische Formen das Bild, je weiter man sich davon weg bewegt, desto mehr gewinnt das organische Element die Oberhand.

Zitat entstammt übrigens einem Artikel über Hausgärten, in dem Hammerbacher und Mattern das Haus Abraham und seinen Garten als exemplarisch vorstellen!

Doch wie präsentierte sich der Garten in seiner Entstehungszeit? Der Vorgarten war ganz formal gestaltet. Von der Wohnhalle aus betrat man eine großzügige Terrasse mit Blick auf den See. Zu einer Seite war sie von einem Heidegarten umrahmt, an der anderen Seite wurde sie von einem Staudenbeet begrenzt.

Vom Haus ausgehend leitete ein formales, von Stauden umrahmtes Seerosenbecken mit einem kleinen Sitzplatz, Trockensteinmauern und Treppen allmählich in den Garten über, sie bildeten gleichsam einen sanften Übergang vom architektonischen Bereich des Haues zum landschaftlich gestalteten Garten bis hin zum Ufer des Groß Glienicker Sees. In dem oberen Bereich von Terrasse und Mauern waren mächtige Birken und Kiefern, wie sie in dieser Region so typisch sind, in die Gestaltung integriert. Der Garten fiel dann allmählich Richtung See ab, wo sich eine große zentrale Rasenfläche befand, die von einem leicht geschwungenen Weg und verschiedenen Baum- und Strauchpflanzungen umschlossen war. Am Ufer des Sees erhob sich ein schlichtes Badehaus mit Steganlage, wo sich die Abrahams und ihre Gäste an heißen Sommertagen bestimmt wunderbar erfrischen konnten. Auch hier gab es üppige Staudenpflanzungen. Von diesem Badehaus führte dann der Rundweg an der anderen Seite des Hangs wieder zum Haus zurück. Herrliche Sichtachsen erschlossen den Garten und schufen attraktive Blickbeziehungen zwischen Haus und See.

Was wurde letztlich aus dem Garten? Adolf Abraham starb 1939 in Berlin, seine Frau verkaufte das Anwesen an einen Bekannten der Familie, der ihr dafür – anders als in diesen Zeiten üblich – einen fairen Preis zahlte. Anna Abraham blieb in Deutschland, wurde 1943 nach Theresienstadt deportiert und 1944 im KZ Auschwitz ermordet. Doch ihr Sohn emigrierte nach London und überlebte so mit seiner Familie den Naziterror. Der Bekannte, an den Anna Abraham ihr Glienicker Grundstück verkaufte, war niemand anderes als der Großvater meiner Nachbarin! Nach dem Krieg wurde das Grundstück unter „staatliche Verwaltung“ gestellt, betroffen war fast ein Drittel des Gartens;

Nach einer umfangreichen Restaurierung mit Unterstützung einer Kasseler Gartenarchitektin zeigt sich der „Garten Abraham“ heute wieder als das herrliche Staudenparadies, das er schon in seiner Entstehungszeit war.

Das Haus der Familie Abraham war gedacht als ein Sommerdomizil, bei dem Haus und Garten sich gegenseitig ergänzen. Das Gebäude wurde 1929/30 von den Architekten Otto Block und Dr. Richard Oppenheim geplant, die Bornimer Gartengestalter setzten die architektonische Sprache des Hauses im Garten fort. Noch heute kann man sich hier an einem „belt walk", einem „pleasure ground" und einem Badehaus als *point de vue* erfreuen.

am Seeufer entlang wurde „die Mauer" gebaut, die Ost und West für lange Zeit trennen sollte. Ein Polizeichef und russische Offiziere wohnten hier, Soldaten gingen entlang des „imperialistischen Schutzwalls" Streife, und seit 1961 wurde das Anwesen von einem Künstlerpaar bewohnt. Später verwahrlosten Haus und vor allem Garten enorm. Nach dem Mauerfall erhielten die Eigentümer den Besitz zwar zurück – aber nicht den Bereich am Mauerstreifen, der immer noch dem Bund gehört.

Seit einigen Jahren nun vollzieht sich dort ein Wunder. In unendlichem Einsatz werden die Spuren der jahrzehnte-

Noch immer ist im „Garten Abraham“ das ungewöhnlich geformte Wasserbecken zu sehen, in dem einst Seerosen wuchsen. Bereits auf einem Foto von 1934 in Karl Foersters Buch „Garten als Zauberschlüssel“ kann man dieses Becken erkennen. Heute werden Haus und Garten, in dem herrliche Foerster-Stauden den Ton angeben, wie einst in der Entstehungszeit als Wochenend- und Ferienhaus genutzt.

langen Verwahrlosung beseitigt, Haus und Garten werden denkmalgerecht saniert. Dass in DDR-Zeiten kein Geld da war, um das Anwesen in Schuss zu halten, ist im Nachhinein ein Glücksfall – so blieben die Strukturen des Gartens erhalten und es wurde nichts im modernen Stil „verschönt“. In enger Zusammenarbeit mit einer Kasseler Gartenarchitektin wird der Garten nun seit einigen Jahren wieder Stück um Stück in das Juwel zurückverwandelt, das er einmal war. Das ist wahre Gartenarchäologie! Anhand der historischen Fotos und der Gartenkataloge Karl Foersters aus der damaligen Zeit werden die Beete wieder so bepflanzt, wie Adolf und Anna Abraham und ihre Freunde sie einst wohl gesehen und genossen haben. Und die Berliner Kinder und Enkel meiner Nachbarn nutzen das Haus jetzt wieder als das, was es einmal gewesen ist: als herrliches Wochenend- und Ferienhaus. Ein Garten aus der Feder von Foerster, Mattern und Hammerbacher erwacht erneut zum Leben und ist wieder erfüllt von Lachen, Musik und Kinderlärm und natürlich – jeder Menge herrlicher Foerster-Stauden!

Den Sommer ans Herz nehmen – die Lieblingspflanzen Karl Foersters

Die wenigsten Gartenfreunde wissen, wie groß das züchterische Spektrum Karl Foersters war – er beschäftigte sich unter anderem intensiv mit *Aster*, *Campanula* und *Chrysanthemum*, *Helenium*, *Heliopsis* und *Papaver*. Doch in seinem umfangreichen literarischen Werk tritt vor allem seine große Begeisterung und Leidenschaft für *Phlox* und Rittersporn zutage. „Ich diene hier seit Jahrzehnten als helfender Erdgeist der blauen Blume und ihrer Zukunft, … eine Garde blauer Riesengewächse ward aus dem Boden gestampft, aus Sand und Hitze emporgehungert und emporgedürstet“, beschrieb er sein züchterisches Ringen um den Rittersporn. 72 Sorten gehen auf ihn als Züchter zurück – den neuen Geschöpfen gab er so bildhafte Namen wie ‘Gletscherwasser’, ‘Sternennacht’, ‘Azurriese’ oder ‘Berghimmel’.

Konrad Näser berichtet über die Arbeit Foersters mit dieser Staude: „Rittersporn spielte eine große Rolle bei Karl Foerster – das Blau im frühen Hochsommer mag ihn fasziniert haben. Seine Sorten haben ein Alleinstellungsmerkmal: Sie besitzen noch ein wenig den Charakter der ursprünglichen Wildpflanze und sind überwiegend einfach blühend. Foerster hat dauerhafte, hohe feste Stiele mit klaren Blütenfarben ausgelesen. Dem stand die ganz andere Herangehensweise der Engländer bei der Züchtung entgegen, denn diese wollten Rittersporne mit einem riesi-

gen blütenreichen Stil für den Schnitt als Vasenpflanze – die Pflanze selbst mit ihrer Dauerhaftigkeit interessierte sie nicht. Uns junge Kerle hat Foerster damals immer gewarnt und gesagt: Arbeitet nicht mit englischen Sorten, die sind nicht hart genug, sie kennen nur atlantisches Klima, sind verweichlicht und nicht dauerhaft. Bleibt bei unseren Bornimer Sorten!"

Foersters Ziel bei der Zucht von Rittersspornen waren ebenso leuchtende wie klare Farben. Als er dieses Anliegen erreicht hatte, schrieb er voller Stolz: „Die idealen Rittersporne sind da … Es ist das Naheliegendste von der Welt geschehen. Den reinblauen Tönen himmelblau, enzianblau, kornblumenblau, nachtblau, eisblau, meergrünblau ihr Recht werden zu lassen!" Blau war eine der Lieblingsfarben Foersters, und er widmete dieser Farbe sogar ein ganzes Buch („Blauer Schatz der Gärten"), in dem natürlich neben anderen Pflanzen dem Rittersporn eine besondere Rolle zukommt, dessen blauem Farbspektrum er so viele schöne neue Züchtungen hinzugefügt hat. Die neuen Rittersporne Foersters waren nicht nur schön, sondern auch standfest, langlebig und mehltaufrei – eben keine „mehltaukranken Müllerburschen" oder „Strohfeuersorten", wie es Foerster so bildhaft auf den Punkt brachte.

Die Schriftstellerin Helene von Nostitz hat Karl Foersters Arbeit am Rittersporn ein Denkmal gesetzt, als sie 1930 schrieb: „Diese einfache, bäuerliche Pflanze ist in Karl Foersters Hand zu einem herrlichen, aristokratischen Gewächs geworden, das uns in seiner kräftigen, elastischen, schön gezeichneten Struktur an gotische Bauten erinnert. Die Farbe, besonders das Dunkelblau, glüht gleich der beschatteten Pracht der Kathedralenfenster von

Blau war die Lieblingsfarbe Karl Foersters und so haben vor allem die häufig blauen Rittersporne Karl Foerster sein ganzes Leben lang fasziniert. Wir verdanken ihm über 70 Rittersporn-Züchtungen mit so klingenden Namen wie 'Gletscherwasser' (Bild S. 116), 'Sternennacht', 'Azurriese' oder 'Berghimmel' (Bild S. 115). Ihnen haftet noch ein wenig der charmante Charakter der ursprünglichen Wildpflanze an.

Chartres. Wie diese mag auch der Rittersporn sich von der hellen Sonne des Tages sein Licht nicht borgen. Wenn der Abend niedersteigt, und auch am frühen Morgen ist seine Stunde. Aus eigener Kraft will er leuchten, wie sein Meister es ihn gelehrt hat; und wo immer er steht, will er bestimmen."

Neben den stolzen Ritterspornen galt die zweite große züchterische Leidenschaft Foersters den Phloxen (*Phlox paniculata*). „Phlox ist eine Welt der Gnade. Dem Leben ohne Phlox fehlt ein Kronjuwel. Phlox ist das eigentliche Siegel des Hochsommerglückes. Es gibt wohl kaum eine Blumenschönheit, die das farbendürstende Auge so über alle Begriffe zu stillen und zu erfrischen vermag. Je länger wir mit Phloxen leben, desto erstaunlicher wird uns dies ganze Mysterium, desto reicher an Vorfreude und Verheißung", schwelgte Foerster schon 1917 in seiner Begeisterung für diese Staude, deren Sortiment er um stolze 83 Sorten erweitert hat. Seinen großen Traum, einen blauen *Phlox* zu züchten, erreichte er trotz intensiver Bemühungen zu seinem Leidwesen nicht, seiner geliebten Staude hat er aber unter anderem sogar eine reinweiße und eine orangerote Sorte abgerungen, und er hat das Sortiment um Sorten erweitert, mit denen man im Garten eine Blütezeit von Juni bis September erzielen kann. Seine Phloxe tragen klingende und oft auch bildhafte Namen wie 'Landhochzeit', 'Kirchenfürst', 'Puderquaste' oder 'Wennschondennschon', auf die Namen von Menschen taufte er seine Stauden jedoch nur sehr selten. Für seine Frau, seine große Liebe, machte er da schon einmal eine Ausnahme und setzte ihr mit seiner wunderschönen lachsrosa Züchtung 'Eva Foerster' ein Denkmal.

„Phlox ist eine Welt der Gnade, … das eigentliche Siegel des Hochsommerglückes", so war Karl Foerster überzeugt. Nach Menschen hat er seine Pflanzenzüchtungen selten benannt. Nur für seine Ehefrau Eva, die die große Liebe seines Lebens war, machte er mit dem *Phlox* 'Eva Foerster' (Bild S. 118) eine Ausnahme.

Anderen Phloxen gab er so sprechende und bildhafte Namen wie 'Landhochzeit' (Bild oben), 'Kirchenfürst' (Bild S. 121) oder 'Puderquaste'.

Seinen großen Traum, einen blauen *Phlox* zu züchten, konnte Karl Foerster trotz intensiver Züchtungsarbeit aber leider nie verwirklichen.

Auch auf dem Gebiet der *Phlox*-Züchtung war Karl Foerster wahrlich nicht der Erste und Einzige, aber mit seinem umfangreichen publizistischen Werk hat er sich um die breite Bekanntheit und große Popularität der Phloxe mehr verdient gemacht als manch anderer. Immer wieder warb er für die Phloxe mit ihren neuen, verbesserten Eigenschaften, die er und andere Züchter den Pflanzen entlockt haben. „Die Büsche werden so mächtig, daß man weniger Pflanzen braucht. Die Farben haben so viel Feuer und Zartheit gewonnen, daß sie reiner miteinander oder mit anderen Blumen zusammenklingen. Die Dolden putzen sich die verblühten Blumen selber heraus … Die Wetterbeständigkeit hält die Dolde und die Pflanze bei Regen in strafferer Ordnung und Schönheit … Verbesserte Lebensenergie führt jetzt zu reicherem Nachflor nach dem Schnitt", heißt es unter anderem im Buch „Garten als Zauberschlüssel". Die Liebe der Menschen zu den Phloxen entfachte Foerster mit geradezu hymnischen Liebeserklärungen an diese Staude wie etwa: „Der Edelphlox ist ein neues Mittel, um den Sommer ans Herz zu nehmen; wenn man den Duft atmet und die Blüten nahe am Gesicht hat, dann ist es, als ob das göttlich-große Kind Sommer seine Wange an unsere schmiege und als ob man, alle Süße dieser Duftoffenbarungen in sich trinkend, im Mark der Sommergnaden wurzelte." Mag man da nicht gleich in eine Gärtnerei fahren und dort im Sortiment dieser zauberhaften Stauden stöbern, auch wenn im eigenen Garten eigentlich gar kein Platz mehr ist?

Gräser üben auf Karl Foerster eine große Faszination aus, sodass er sie in seinem poetischen Schreibstil sogar „das Haar der Mutter Erde" nennt. Unermüdlich wirbt er in Büchern, Aufsätzen und Vorträgen für eine immer stärkere Verwendung von Gräsern in den Gärten, denn „es bleibt ihnen in unserem Gartenleben eine Rolle vorbehalten, die noch unabsehbar ist, weil der Einzug der Gräser erst in den allerersten Anfängen steckt".

Gräser und Farne im Garten – Gruß aus „unbekanntem Land“

Bis heute gilt Karl Foersters Buch „Einzug der Gräser und Farne in die Gärten sowie einiger bedeutungsvoller Blattschmuckstauden“ von 1957 in Gärtnerkreisen als Standardwerk. Und immer noch ist zu lesen, dass die Verwendung von Gräsern in Gärten auf ihn zurückgeht. Der Gartenhistoriker Clemens A. Wimmer hat 2013 aber nachgewiesen, dass Gräser bereits lange vor Foerster in Gärten verwendet wurden: Insbesondere Erfurter Gärtnereien sorgten für die Verbreitung der Ziergräser in Deutschland. Der fast missionarische Eifer jedoch, mit dem Foerster für das Pflanzen von Gräsern vor allem in den von ihm favorisierten wildnishaften Gärten warb und die Menschheit aus dem „Gräserschlaf“ (so nannte er es in „Einzug der Gräser und Farne in die Gärten“ selbst) erwecken wollte, macht ihn zu einem der wichtigsten Fürsprecher und Verwender dieser Pflanzengattung in der Gartengestaltung. Weder Willy Lange noch

Leberecht Migge haben sich in ihren Schriften mit Großgräsern befasst.

Für Karl Foerster spielen Gräser Zeit seines Lebens eine große Rolle, beginnend mit seinem ersten Buch „Winterharte Blütenstauden und Sträucher der Neuzeit“ von 1911 und gipfelnd in seinem großen, eingangs erwähnten Buch von 1957 „Einzug der Gräser und Farne in die Gärten sowie einiger bedeutungsvoller Blattschmuckstauden“. Doch woher kommt seine Begeisterung für Gräser, die er so poetisch „das Haar der Mutter Erde“ nennt? Bereits in den Zwanzigerjahren steht er unter anderem mit dem Gartenarchitekten Berthold Körting und dessen Frau im intensiven Austausch über die Verwendung von Gräsern, wie Constantin Rudolf Jelitto, gärtnerischer Leiter des Berliner Botanischen Gartens, berichtet: „Es war ein Jahr nach der großen Inflation 1924. Da trafen sich an einem Sonntag in einem der schönsten Gräsergärten, den ich je gesehen habe, in Wannsee: Karl Foerster, Karl Peters, Frau und Herr Körting und ich als jüngster unter ihnen. Man traf sich, wie man sich eben trifft, um als Gleichgesinnte gemeinsam Freude zu haben an ganz einfachen Pflanzen, den Wildpflanzen im Garten, hier besonders den Gräsern. Diese waren hier zusammengefasst, zu einem Ganzen vereinigt, wie es nur leidenschaftliche Liebhaber, große Könner zuwege bringen. Und das waren die beiden Körtings. Hier in diesem Garten, zu dessen Zustandekommen Sie, Herr Foerster, sicher manches beigetragen haben, wurde wohl still und leise Ihre Gräserleidenschaft geboren.“

Und diese Leidenschaft wird Foerster für den Rest seines Lebens nicht mehr loslassen. Immer mehr wird dem Bornimer Gärtner und Züchter klar, welch wichtige Rolle Gräser in der Gartengestaltung spielen. Was fasziniert ihn so an den Gräsern? Es ist einerseits ihr ästhetischer Wert für die Gartengestaltung, anderseits ihre Anspruchslosigkeit, sofern sie sich am richtigen Standort befinden: „Gräser leisten Unglaubliches an pflegelos wachsendem Dauergedeihen, in der Anpassung an schwierige Gartenplätze, in der Reizerhöhung der Blumennachbarschaft, in der Spendung schönen Schnittmaterials, sowohl des Laub-

Hier setzt das „Haar der Mutter Erde“ im Foerster-Garten „Am Raubfang“ filigrane Akzente.

werks als auch der Blüten, die sich getrocknet jahrelang halten; selbst unangenehme und wesenlose Gartenplätze ermöglichen hier einen eigentümlichen Temperamentsausbruch üppiger Vegetation, die sozusagen ganz unerwartete Kräfte und Fähigkeiten solcher Plätze enthüllt“, heißt es in dem Buch „Lebende Gartentabellen. Herzhafte Hilfe für Gartensucher aller Art“. Immer wieder versucht Foerster in seinen Aufsätzen und Büchern, seine Leser mit der eigenen Begeisterung für Gräser anzustecken, und bedient sich dabei starker Bilder: „Wie schön wehen im leichten Wind die Horste des hüfthoch aufwallenden Reiherfedergrases! Wie reizvoll ist das mannshohe blonde Gewoge der Blütenhalme des Blaustrahlhafers über seinen dichten hellblau-grünen Farbenflächen. Welch neuartigen Anblick, selbst an völlig trockenen Plätzen, schenkt uns der steile, monumentale Gräserbusch des Riesen-Miscanthus, der, angerankt mit blauen und weißen Winden, vor Gewitterwolken aufragt” (so Foerster 1957 in „Einzug der Gräser und Farne in die Gärten“). Foerster scheut sich sogar nicht, den optischen Eindruck, der sich mit Gräsern erzielen lässt, mit dem Klang von Musikinstrumenten zu vergleichen: „Man weiß nicht recht, mit welcher Rolle von Musikinstrumenten die Wirkung großer und kleiner Gräser vergleichbar sein könnte. Wenn man ragende Gräser mit wuchtigen Blattstauden vereint, so könnte der Vergleich ‚Harfe und Pauke' gewagt werden“.

In einer späteren Ausgabe des „Blütengartens der Zukunft“ (1942) behauptet Foerster selbstbewusst von sich, eine Art „Schutzpatronat“ für die Gräser übernommen zu haben. Über seine Bemühungen um eine „der machtvollsten Pflanzengruppen unserer gegenwärtigen Erdperiode“ schreibt er: „Zu diesem Zweck musste jahrein, jahraus seit langen Zeiten eine viel größere Anzahl durchgeprobt werden, weil da immer nur wenige Arten die sämtlichen Examina der Garteneignung auf Dauer bestanden ... Frosthärte, Trockenheit- und Sonnenhärte, Schönheitsnachhaltigkeit, Alter ... Es ging um Feststellungen der Garteneignung, des Florbeginns und seiner Dauer, der Wintergrüne, des Fruchtschmucks, vor allem aber um Ordnungsfragen. Manche Umherwucherer mußten ausgeschieden werden, während bei anderen das Wuchern harmloser verläuft und leicht zu bändigen ist.“ Das Pflanzenmaterial an Gräsern beschafft sich Foerster in den botanischen Gärten.

In seinen Büchern gibt er dem Leser jede Menge Anregungen, wie sich bei der Verwendung des zum jeweiligen Standort passenden Grases rund ums Jahr ein hochattraktives Gartenbild schaffen lässt, ausgerichtet auf die Farbvorlieben des Gartenbesitzers. Und schon 1940 verkündet er stolz in seinem Buch „Lebende Gartentabellen“: „Als hier im Bornimer Klima und Boden 1925 mit der Erforschung und Erprobung der ornamentalen Staudengräser aller Erdteile auf ihre zuverlässigen Gartenschätze hin begonnen wurde, waren im Pflanzenhandel beiläufig 15 bis 20 Gräserarten vertreten. Fern jeder Sammlerübertreibung oder überwiegend botanischer Interessiertheit, war das Ziel nur auf Gewinnung echten Gartengutes ausgerichtet; so

Gräser und Farne betrachtet Karl Foerster als „Helfer der Wildnisgartenkunst“, die er sich in den Gärten vorstellt. Gerade Gräser können bei der Bildung von Strukturen in Gärten eine wichtige Rolle spielen. In seinen zahlreichen Veröffentlichungen gibt er seinen Leser immer wieder Tipps, wie Gräser und Farne gestalterisch optimal im Garten einzusetzen sind.

führten wir den Gärten etwa 75 weitere Gräsercharaktergestalten hinzu.“ Der Bornimer Gräserliebhaber will durch seinen Einsatz den Gräsern zum Durchbruch in der Gartengestaltung verhelfen, denn er ist sich sicher: „Es bleibt ihnen in unserem Gartenleben eine Rolle vorbehalten, die noch unabsehbar ist, weil der Einzug der Gräser erst in den allerersten Anfängen steckt“ (so Foerster 1957 in „Einzug der Gräser und Farne in die Gärten“).

Über die große Rolle, die die Gräser in der heutigen Gartengestaltung spielen, hätte sich Foerster sicher gefreut. Ihm und seinen Schülern und Züchter-Nachfolgern ist es zu verdanken, dass das „Haar der Mutter Erde“ heute voll im Trend liegt. „Farne sind die neuen Gräser“, sagt Gartenhistoriker und Farnspezialist Jochen Martz in einem Interview. „Da gibt es noch viel Potenzial, die Vielfalt ist längst noch nicht ausgekostet … Vielleicht entwickelt sich ein zweites ‚Fern Fever', wie es das vor über hundert Jahren in England gab." Die Briten waren uns in gärtnerischer Hinsicht wieder einmal voraus, als sie zu Zeiten Königin Victorias, etwa zwischen 1850 und 1890, dem „Farnfieber" erlagen und Mutationen heimischer Farne sammelten, kultivierten und selektierten und es so auf mehr als 12 000 Formen brachten, wie Martz herausgefunden hat. Von einem solchen Farnfieber konnte in Deutschland nicht einmal ansatzweise die Rede sein, als sich Foerster mit Farnen zu befassen begann, sehr weit verbreitet waren die Farne in den deutschen Gärtnereien in dieser Zeit noch nicht. Vor allem im botanischen Garten in München-Nymphenburg hatte man jedoch bereits große Erfahrung mit Farnen und ihnen sogar eine eigene „Farnschlucht" gewidmet.

„Diese Wunderwelt rhythmischer Filigranentfaltungen aus schönstem Grün vom Frühling bis in den Herbst, das in vielen Arten immergrün bleibt, ist den meisten Gartenmenschen nach wie vor unbekanntes Land, obwohl die Pflanzen mit einer Kraft der Unverwüstlichkeit und Dienstwilligkeit ohne Pflege auf ihre Gartenplätze warten", so Foerster in seinem Buch „Lebende Gartentabellen". „Es gibt lauter ungeahnte Kräfte und Reize im Farnreich. Die Pflanzen stehen jahrzehntelang ohne jeden Eingriff an ihren alten Gartenplätzen, benehmen sich auch gegen zartere Nachbarn sehr freundlich, da die Wurzelsysteme wenig herumgreifen, abgesehen von einigen Wucherfarnen … Viel Versäumtes ist gegen die Farne in den nächsten Jahrzehnten nachzuholen", meinte er und forderte: „Es wird hohe Zeit, das farnlose Gartenzeitalter zu beenden und immer mehr Menschen jenen Tropfen Neugier und Phantasie-Erregung hinein zu träufeln, der ihr Herz ungeduldig dem grünen Zauberreich öffnet. Gibt es doch kaum im ganzen kleineren Pflanzenreich Gewächse, die in so unbegreiflicher Anspruchslosigkeit an ihren alten Gartenplätzen von einem Jahrzehnt ins nächste voll höchsten Wohlseins dauern und wachsen und sich zu wuch-

Zeit seines Lebens hat sich Karl Foerster für Farne begeistert. In seinem Buch von 1957 „Einzug der Gräser und Farne in die Gärten" spielen sie eine zentrale Rolle. Dieses Buch wird in Gärtnerkreisen bis heute als Standardwerk betrachtet. Für Foerster sind die Farne eine „Wunderwelt rhythmischer Filigranentfaltungen aus schönstem Grün vom Frühling bis in den Herbst".

tigen Gebilden auswachsen, deren Ausmaße man der Jungpflanze kaum zutraut" (1940).

In immer neuen Zeitschriftenartikeln und in seinen Büchern wird Karl Foerster nicht müde, seine Leser von den Möglichkeiten des Farns zu berichten, sie davon zu überzeugen, diese in ihren Gärten zu verwenden. Gerade für schattige Bereiche, die es in den meisten Gärten gibt, sind Farne in seinen Augen ein ideales Gestaltungselement: „Eigentlich erst durch Farne verschreibt man sich der letzten und vollsten Bejahung des Gartenschattens. Unzähligen Schattenblühern wird erst die richtige Atmosphäre bereitet", heißt es in dem Buch „Kleines Gartenärgerlexikon". Die richtigen Farne für verschiedene Einsatzbereiche unterzieht er im eigenen Prüfgarten einer strengen Sichtung. Fachlich tauscht er sich mit dem Botaniker Richard Maatsch aus, den für gut befundenen Farnen geben sie gemeinsam, sofern noch nicht vorhanden, deutsche Namen (welche Farne im Einzelnen unmittelbar von Karl Foerster eingeführt worden sind, wird in Zukunft noch erforscht werden müssen). Nach der genauen „Examinierung" seiner Prüflinge gibt Foerster seine Standortempfehlungen für die Farne an seine Kunden und Leser weiter. Besonders in Steingärten – auch im Garten „Am Raubfang" hat er einen solchen anlegen lassen – und in den von ihm propagierten Naturgärten sieht er ein ideales Einsatzgebiet für Farne. Mit schwelgerischem Ton gibt er in dem Buch „Kleines Gartenärgerlexikon" von 1937 Ratschläge zur Farnverwendung: „Der Steingarten und besonders der Naturgarten sind die eigentliche Gartenheimat der Farne. Hier kommen sie zu ihrem wahren Lebensrecht und entfalten ihre geselligen Fähigkeiten im Verein mit Stauden, Gehölzen und Gräsern. Hier treten sie aus ihrer urweltlichen Schweigsamkeit heraus. Das unversiegbare Reich der Farnfreuden liegt im schattigen oder leicht beschatteten Steingarten, im Vorfrühlings- oder Waldrandgarten, am Bachufer und teilweise in sonnigen Steingartenplätzen, die einigermaßen bodenfrisch sind oder erhalten werden." Ihre Vielgestalt und Vielfarbigkeit fasziniert Foerster: „Es gibt mächtige und winzige Gartenfarne, solche für Sonne und solche für Schatten, für Dürre und für flache Wasserplätze, aufrechte und lagernde, grausilberne und smaragdgrüne, broncebraune und tiefrötlich austreibende, derbmächtige und unsäglich zierliche Farnarten, die alle ihren blühenden Nachbarpflanzen neue Seiten und Reize abzugewinnen verstehen."

Mag Foersters züchterische Bedeutung bei den Rittersporen und Phloxen auch deutlich größer sein als bei Farnen und Gräsern, so hat er doch in den Menschen die Faszination für diese besonderen Pflanzen geweckt. Und diese Faszination ist längst in unsere Gärten vorgedrungen – denn was wären sie ohne Gräser und Farne!

Eine Gärtnerei im Tosen der Geschichte – ein Platz für ganz besondere Menschen

Dass es unter der Adresse „Am Raubfang“ in Potsdam-Bornim nach über hundert Jahren noch heute eine Gärtnerei unter dem Namen von Karl Foerster gibt, grenzt an ein Wunder: Mit einer sehr wechselvollen Geschichte – zwei Weltkriege, zwei Diktaturen – sowie einem zwar als Züchter und Schriftsteller begabten, aber betriebswirtschaftlich doch eher unbedarften Firmenchef Karl Foerster stand die Existenz des Unternehmens nur selten unter einem guten Stern. Immer wieder mussten Familienmitglieder und Freunde die Gärtnerei durch einen „warmen finanziellen Regen“ vor dem Untergang bewahren, und auch zu DDR-Zeiten war die (Teil-)Verstaatlichung des Betriebs nur zum Teil ein Akt der Bevormundung durch die Obrigkeit, sondern auch eine Rettung vor dem drohenden finanziellen Ende. Und doch ist dieses Fleckchen Erde am Rande Potsdams ein ganz besonderer Ort der Gartenkultur, ein Inspirationsort, wo außergewöhnliche Pflanzen gezüchtet und außergewöhnliche Gärtner im wahrsten Sinne des Wortes „herangezogen“ wurden. Und der Kristallisationspunkt dieses Ortes ist Karl Foerster.

Als Foerster 1910/11 seine Gärtnerei aus Berlin nach Bornim verlegt, findet sich dort nicht viel mehr als ein Kartoffelacker, „Lauben und malerisches Gerümpel“ – von Gärtnereigebäuden oder einem Wohnhaus fehlt jede Spur. Doch schon 1911 gibt es einen ersten Bornimer Pflanzenkatalog und erste Bestellungen können ausgeliefert werden. Von Anfang an wirkt hier ein Obergärtner, der in der Gärtnerei die Fäden in der Hand hält und ganz maßgeblich zum großen Erfolg von Foersters Plänen beiträgt. Foerster hat seine mitreißenden Ideen, der Obergärtner sorgt für deren praktische Umsetzung. Der erste in der Reihe dieser wichtigen Gärtner ist Emil Pusch aus Werder, von dem Konrad Näser noch Jahrzehnte später begeistert sagt: „Während Karl Foerster ein Gärtner aus hören Sphären war, war Emil Pusch der Urgärtner: Er war richtig begeistert in seiner Hinwendung zur Pflanze.“ In den späteren Jahren werden es Heinz Hagemann und Paul Bolz in dieser Funktion sein, die dafür sorgen, dass die geistige Saat Foersters auch bei den vielen Menschen aufgehen kann, die in der Gärtnerei arbeiten, dass sein inspirierendes Wesen bei den Mitarbeitern in begeistertes Arbeiten an und mit der Pflanze mündet. Die Leistung dieser Obergärtner im Foersterschen Kosmos wird dankenswerter Weise allmählich von Gartenhistorikern ans Licht gebracht.

Karl Foersters Ausstrahlung, unter anderem vermittelt durch seine Bücher, andere Veröffentlichungen und Vorträge, lockt immer mehr junge Menschen als Gärtner und Gärtnergehilfen nach Potsdam. Hier lernen sie die faszinierende Welt der Stauden von der Pike auf kennen – also vom züchterischen Prozess über die Vermehrung bis hin zum Verkauf. Die Gärtnerei wächst, und in den schwierigen Zeiten der Weltwirtschaftskrise ist es insbesondere die schriftstellerische Tätigkeit Foersters, die seinem Betrieb finanziell über das Schlimmste hinweghilft. Eine Entwurfsabteilung entsteht, weil immer mehr Anfragen betreffs einer Gartengestaltung an Foerster herangetragen werden. Die kreativen Köpfe dieses Bereichs sind neben Hammerbacher und Mattern Hermann Göritz und Walter Funcke. Im Zuge des Wachstums des Betriebs wird sogar eine Niederlassung im ostpreußischen Königsberg gegründet, die Gottfried Kühn leitet, und auch in München entsteht ein Tochterunternehmen. In den Dreißigerjahren stoßen Richard Hansen und Ernst Pagels als Gehilfen zur Gärtnerei – Hansen wird sich später als berühmter Pflanzensoziologe einen Namen machen, Pagels als renommierter Pflanzenzüchter in Leer eine eigene Gärtnerei gründen. In diesen Zeitraum fällt auch die erste der bedeutenden züchterischen Phasen Karl Foersters.

Es muss eine wunderbare Zeit für alle gewesen sein, die in der Gärtnerei gearbeitet haben: Sie war nicht nur eine Arbeits-, sondern auch eine Lebensgemeinschaft, ein Ort gelebter Gartenkultur. Man rackerte nicht nur gemeinsam, sondern feierte miteinander auch quirlige Feste, bei denen die Mitarbeiter kleine Theaterstücke aufführten und selbst ausgedachte, humorvolle Gedichte vortrugen. Man unternahm gemeinsam

Mit einem Eselsgespann werden in der Anfangszeit der Bornimer Gärtnerei die Bestellungen zum Bahnhof Wildpark transportiert, von wo sie ihre Reise zu den Kunden antreten. Bald ist die Nachfrage nach den Stauden aus Foersters Gärtnerei so groß, dass sogar Pflanzen zugekauft werden müssen. Wenn die Besucher in die Gärtnerei kommen, können sie sich im benachbart liegenden Garten Karl Foersters anschauen, wie man die neu erworbenen Staudenschätze effektvoll einsetzen kann.

Ausflüge, um sehenswerte Gärten in der Nähe zu besichtigen. Und es gab sogar einen eigenen Gärtnerchor: Am Geburtstag von Karl und Eva Foerster sowie an deren Hochzeitstag brachte man den beiden stets mehrstimmige Ständchen. Und wehe, wenn eines der Lieder nochmal gesungen wurde – dann drohte „Frau Eva" mit dem Zeigefinger. Den Gärtnerchor gab es übrigens viele Jahrzehnte über Karl Foersters Tod hinaus, und noch bis in die Gegenwart treffen sich die mittlerweile betagten Sängerinnen und Sänger regelmäßig, auch wenn heute eher erzählt als gesungen wird.

Als der Zweite Weltkrieg beginnt, wirbelt dieser – wie in ganz Deutschland und Europa – auch in der Gärtnerei alles komplett durcheinander. Viele männliche Mitarbeiter werden zum Kriegsdienst eingezogen, im Kriegsverlauf muss der Staudenbetrieb zunehmend auf die Produktion von Gemüse umstellen, um die hungernde Bevölkerung zu ernähren. Um zu vermeiden, dass Staudenflächen verloren gehen, sorgt Herta Hammerbacher dafür, dass weiteres Land angekauft wird, wo dann das geforderte Gemüse angebaut wird. In einem Brief an Elisabeth Koch berichtet Foerster am 20. Mai 1944: „Man muß unausgesetzt um Leute kämpfen, die einem genommen werden sollen, obwohl ich doch Gemüse in Massen baue. Das Unkraut brandet an meine kostbarsten, wichtigsten Neuzüchtungen, und ich bin täglich hinterher, alles Unersetzbare zu schützen und durch den Zeitenstrudel zu leiten."

Dass Foerster mittlerweile einen so bedeutenden Ruf genoss, mag ihn selbst und seine Gärtnerei vor schlimmeren Übergriffen durch die Nationalsozialisten beschützt haben. So durfte der eine oder andere Mitarbeiter, der wie Walter Funcke oder Hermann Mattern mit den Kommunisten sympathisierte, im Unternehmen verbleiben. Doch ganz konnte sich Foerster den politischen Entwicklungen nicht entziehen. Mit Nikolaus Hoeck leitete ein bekennender Nationalsozialist das Unternehmen in dieser Zeit – ungeachtet seiner politischen Einstellung war er aber fachlich gesehen ein wertvoller Mitarbeiter für Foerster.

Ein Blick aus der Dachluke des Foersterschen Hauses lässt den Betrachter die Dimensionen der Gärtnerei erahnen. Unter dem Dach des Hauses befindet sich übrigens auch eine kleine Wohnung für die Junggärtner des Betriebes. Im selben Haus wie Familie Foerster zu wohnen, ist bei den Gärtnern sehr begehrt, doch junge Paare brauchen dafür einen Trauschein, denn Eva Foerster wacht eisern über die guten Sitten im Bornimer Anwesen!

Dieser selbst musste 1940 doch noch in die NSDAP eintreten, am 2. Juli schrieb er in einem Brief dazu: „Ich trat dieser Tage auf Grund wiederholter Aufforderung in die Partei ein.“ Wahrscheinlich war der Druck des Staates auf ihn doch zu groß geworden.

Zu den Mitarbeitern, die in den Krieg ziehen müssen, hält die Gärtnerei in diesen schweren Zeiten mit regelmäßigen Paketen Kontakt. Diese beinhalten nicht nur Lebensmittel und Zigaretten, sondern auch Briefe mit Gedichten und drolligen Geschichten aus der Gärtnerei: Man will den Kollegen im Feld ein wenig Frohsinn schicken. Die Briefe müssen, wie wahrscheinlich bei der Geschäftspost in den meisten deutschen Unternehmen damals üblich, mit der lästigen Grußformel „Heil Hitler“ unterschrieben werden. Der Staudenversand und die Züchtung kommen in dieser Zeit nahezu zum Erliegen, jeder Tag will überlebt sein, denn auch die Mitarbeiter der Gärtnerei müssen hungern. Als sich das Ende des Nazireichs abzeichnet, flieht Geschäftsführer Hoeck und Herta Hammerbacher übernimmt die Geschäftsführung der Gärtnerei, die durch Luftangriffe zum Teil schwer zerstört ist. Vieles muss wiederaufgebaut oder ganz neu geplant werden, und Hammerbacher steuert das Schiff des Unternehmens durch diese schwere Zeit, in der die Sowjets sogar das Gärtnereivermögen zeitweise beschlagnahmen. Gärtnermeister Paul Bolz ist es hingegen zu verdanken, dass Foersters wichtigste Züchtungen dem Chaos dieser Zeit nicht zum Opfer fallen und gerettet werden.

Allmählich beginnt das Gärtnereigeschäft nach dem Krieg wieder – unter Duldung der neuen Machthaber und der Besatzungsmächte. Wissend, was man an Karl Foerster und seinem Unternehmen hat, erlauben sie ihm, wieder mit der Arbeit zu beginnen, und entbinden die Gärtnerei von der Pflicht, Gemüse zu produzieren. Bereits 1949 nimmt man langsam den Versand erster Stauden auf, sogar ein kleiner Katalog wird gedruckt.

Unter Mitarbeiter Peter Altmann werden auch die zerbombten Staudenbeete des Sichtungsgartens auf der Freundschaftsinsel wiederhergestellt. Doch die Gärtnerei ist allmählich in die Jahre gekommen, technische Innovationen im Betrieb sind unterblieben, zum einen, weil Karl Foerster nun schon ein betagter Mann ist, zum anderen, weil unter den neuen politischen Gegebenheiten die Anschaffung von Reparaturmaterial und neuen Geräten zunehmend schwierig und gar nahezu unmöglich ist.

In den Sechzigerjahren geht es der Gärtnerei wirtschaftlich wieder einmal schlecht. Nur eine finanzielle staatliche Beteiligung am Betrieb kann Schlimmeres verhindern, die Gärtnerei wird fortan als halbstaatliche Karl Foerster KG weitergeführt, und es kann wieder investiert werden. Eine völlige staatliche Übernahme zu Foersters Lebzeiten unterbleibt, wohl aus Respekt vor der Lebensleistung des berühmten Gärtners, den die Stadt Potsdam, aber auch der Staat mit Ehrungen und Orden aller Art überhäufen. Erst nach Foersters Tod 1970 wird die Gärtnerei in ein Staatsunternehmen umgewandelt: im Jahr 1972. Unter der neuen Leitung setzt man zunächst intensiv auf Züchtung und Vermarktung und auf Exporte von Stauden ins Ausland, die Zahl der Mitarbeiter wächst stark. Doch unter den sich verschärfenden wirtschaftlichen Bedingungen gestaltet es sich zunehmend schwierig, die staatlich geforderten Produktionsmengen zu schaffen – da geht es der Gärtnerei nicht viel anders als den meisten anderen Unternehmen. Als dann 1989 die politische Wende kommt, steht es finanziell sehr schlecht – in diesen aufregenden Jahren versuchen mehrere Investoren mit teilweise sehr fragwürdigen Interessen, die Gärtnerei zu übernehmen, doch diese Versuche scheitern. Gleichsam in letzter Minute wagt es einige Zeit später eine kleine Gruppe von Mitarbeitern um Wolfgang Härtel unter schwierigsten Bedingungen, das Unternehmen vor dem Untergang zu retten. Das scheinbar Unmögliche, die Rettung des Betriebs, gelingt! Und so kann man noch heute am alten Standort viele der schönen Stauden erwerben, die einst Karl Foersters Züchtergeist entsprungen sind, aber auch noch jede Menge neuer Staudenzüchtungen, an denen der alte Gärtner sicher seine Freude gehabt hätte.

In diesen Tagen steht in der Gärtnerei ein Generationswechsel an. Wolfgang Härtel, einer der „letzten Mohikaner“, wie er sich selbst lächelnd nennt, hat das Ruder in jüngere Hände abgegeben. Da bleibt zu wünschen, dass die neue Generation das Traditionsunternehmen mit ebenso viel Mut und Begeisterung erfolgreich in die Zukunft führen wird.

„Es war eine große Gartenzeit!"

Karl Foerster war ein Gärtner aus Leidenschaft, ein begnadeter Züchter mit wachem Blick für das Potenzial einer Pflanze und ein nimmermüder Missionar für die Verwendung von Stauden in unseren Gärten. Er war ein rastlos tätiger Schriftsteller und Fotograf und vor allem ein Ästhet mit dem Blick für das Besondere: das Besondere in jeder Pflanze und in den ihm anvertrauten Menschen. Er war ein Menschenfreund, eine Inspirationsquelle und ein Förderer für viele. Wer sich darauf einlässt, Mensch und Pflanze ein wenig durch Karl Foersters Augen zu sehen, dem wird sich eine faszinierende Welt auftun!

Neben den wunderbaren Pflanzen und Büchern Foersters sind vor allem Menschen sein Erbe – Menschen, die sich von ihm mit der Gartenleidenschaft haben entzünden lassen und die seine Gedanken, seine Art zu züchten und zu gärtnern bis in die heutige Zeit weitertragen. Ganzen Generationen von Gärtnern und Landschaftsarchitekten war er ein großes Vorbild. So mancher seiner Schüler gründete mit dem reichen, in Bornim gesammelten Erfahrungsschatz eine eigene Gärtnerei wie etwa Ernst Pagels oder Heinz Hagemann – Menschen wie sie haben Foersters großes Pflanzenwissen in die nächste Generation getragen. Auch Gartenarchitekt Wolfgang Oehme, der sich später in den USA für die Verwendung von Stauden einsetzen sollte, hat einst wichtige Anregungen von Karl Foerster erfahren. Die Gartengestalter des New German Style (wie etwa Petra Pelz, Christine Orel, Brigitte Röde oder Cassian Schmidt) und der Dutch Wave (zum Beispiel Henk Gerritsen, Piet Oudolf oder Rob Leopold) wären ohne die gedankliche und züchterische Vorarbeit Foersters nicht zu denken. Richard Hansen, dem wir die Entwicklung der Theorie der Lebensbereiche der Pflanzen verdanken, hat bei Foerster gearbeitet und dort wichtige Anregungen und Inspirationen erfahren. Den besonderen Geist, der in Karl Foersters Bornim einst herrschte, hat Hansen in späteren Jahren so beschrieben: „Karl Foerster und die Bornimer Atmosphäre haben nicht nur uns junge Gärtner, sondern auch Künstler und Gelehrte, Musiker, Dichter, Maler, Bildhauer, Architekten und natürlich auch viel Jugend angezogen. Viele unter ihnen waren seinem Hause eng verbunden. Der Bornimer Geist, aber auch Foersters Güte und Freundlichkeit, verbunden mit seiner unbeschreiblichen Heiterkeit, übten eine starke Faszination aus. Es war eine große Gartenzeit."

Zwei Stiftungen pflegen heute das Erbe Karl Foersters. Die Marianne-Foerster-Stiftung in der Deutschen Stiftung Denkmalschutz kümmert sich um den Erhalt von Haus und Garten in Bornim. Die Karl-Foerster-Stiftung für angewandte Vegetationskunde, 1965 von Hermann Mattern und einem Freundeskreis gegründet, hat es sich zur Aufgabe gemacht, Foersters „Gedankengut zu sichern und weiterzuführen", und engagiert sich „für eine qualifizierte Pflanzenproduktion und eine ästhetisch anspruchsvolle Pflanzenverwendung in städtischen Freiräumen, Gärten und Landschaften". Um dies zu erreichen, fördert sie ganz im Sinne Foersters insbesondere den beruflichen Nachwuchs. Und das ist heute in Zeiten des Klimawandels und der „Verschotterung der Gärten" von besonderer Bedeutung, denn die Leidenschaft für schöne Gärten und Pflanzen entsteht nicht von selbst. Sie muss in den jungen Menschen erst gesät und dann mit großer Hingabe gehegt und gepflegt werden! Der Pianist Wilhelm Kempff, der gern und oft im Hause Foerster verkehrte, fasste die Lebensleistung seines Freundes Karl 1970 in einem Brief an Eva Foerster so zusammen: „Seine Lebensaufgabe hat er wie nur je einer vollbracht; die Saat, die er säte, fiel in gutes, dankbares Erdreich und sie wird immer wieder von neuem aufgehen."

In seinem letzten Tagebucheintrag hat der „grüne Fürst", der Gartengestalter Hermann von Pückler-Muskau, im Dezember 1870 geschrieben: „Kunst ist das Höchste und Edelste im Leben, denn es ist Schaffen zum Nutzen des Menschen. Nach Kräften habe ich dies mein langes Leben hindurch im Reiche der Natur geübt" – ein Satz, der bestimmt auch Karl Foerster gut gefallen hätte. Doch Foerster hat es etwas bescheidener formuliert, als er von sich sagte: „Wenn ich noch einmal auf die Welt komme, werde ich wieder Gärtner und das nächste Mal auch noch. Denn für ein einziges Leben war dieser Beruf zu groß."

Wie ein kleiner Park wirkt dieser elegante Bereich des Gartens in Bornim besonders zur Rhododendronblüte.

Service

Die Bücher Karl Foersters

Die Jahreszahl zeigt das Jahr der Ersterscheinung an; von vielen Büchern gab es mehrere, veränderte Auflagen in späteren Jahren.

1911: Winterharte Blütenstauden und Sträucher der Neuzeit: ein Handbuch für Gartenfreunde und Gärtner
1917: Vom Blütengarten der Zukunft
1925: Unendliche Heimat
1927: Dahlienbuch
1928: Gärten der Erde – eine Bilderfolge mit Begleitworten
1929: Der neue Rittersporn. Geschichte einer Leidenschaft in Bildern und Erfahrungen
1934: Garten als Zauberschlüssel. Ein Buch von neuer Abenteuerlichkeit des Lebens und Gärtnerns unter dem Zeichen erleichterten Gartenwesens
1935: Staudenbilderbuch
1936: Der Steingarten der sieben Jahreszeiten in Sonne und Schatten. Arbeits- und Anschauungsbuch für Anfänger und Kenner
1936: Blumen auf Europas Zinnen. Wort und Bild. Naturaufnahmen

1935/36: Neue Blumen, neue Gärten. Bornimer Wegweiser
1937: Gartenfreude, wie noch nie. Bornimer Wegweiser 2
1937: Kleines Gartenärgerlexikon. Bornimer Wegweiser – Folgeband
1937: Glückliches durchbrochenes Schweigen. Betroffene Gedanken über das Häufigste, Flüchtige, Seltene
1938: Gartenstauden-Bilderbuch
1939: Das Blumenzwiebelbuch. Glanz- und Gartenleben der winterharten Blumenzwiebel- und Knollengewächse in ihrem Flor von Vorfrühling bis Spätherbst
1939: Kleinstauden-Bilderbuch: mit Gesamttabellen zugehöriger edelster Pflanzen in Arten, Sorten, Höhen, Farben, Blütezeiten und Angaben über Bodenwünsche und sonstige Ansprüche
1940: Lebende Gartentabellen. Herzhafte Hilfe für Gartensucher aller Art
1940: Blauer Schatz der Gärten. Kommende Freundschaft der Gartenmenschen mit der neuen Sphäre der Gartenfarben, dem blauen Flor der Monate von Vorfrühling bis Herbst
1940: Von Landschaft, Garten, Mensch
1941: Kleines Bilderlexikon der Gartenpflanzen. 1133 Bilder im Dienst neuartiger Orientierung, anschaulicher Übersicht und Verständigung
1950: Vom großen Welt- und Gartenspiel
1952: Neuer Glanz des Gartenjahres. Bilder, Berichte und Erfahrungs-Tabellen aus dem Leben der winterhart ausdauernden Gewächse des Gartens
1953: Reise doch – Bleibe doch! Lockung kaum betretener Lebens- und Gartenpfade
1954: Tröste mich – ich bin so glücklich. Worte aus dem Umgang mit Menschen, Pflanzen und Gärten
1957: Einzug der Gräser und Farne in die Gärten sowie einiger bedeutungsvoller Blattschmuckstauden
1959: Warnung und Entmutigung. Meditationen, Bilder und Visionen

1962: Ferien vom Ach
1968: Es wird durchgeblüht. Thema mit Variationen

Dank

Ich bedanke mich bei der Deutschen Staatsbibliothek zu Berlin, die mir den Nachlass der Familie Foerster für meine Recherchen zur Verfügung stellte. Außerdem gilt mein Dank Prof. Swantje Duthweiler, Andreas Gaedt, Dieter Gaißmayer, Thoralf Goetsch, Wolfgang Härtel, Ines Hübner, Wolfgang Kautz, Prof. Norbert Kühn, Felix Merk, Alexandra Musiolek, Dr. Konrad Näser, Jörg Näthe, Petra Pelz, Jonas Reif, Kristina Scheller, Prof. Cassian Schmidt und Dr. Clemens Alexander Wimmer, die mir für Interviews zu diesem Projekt bereitwillig zur Verfügung standen.

Literatur

Bücherei des Deutschen Gartenbaus (Hg.) (2015): Geschichte der Gartenkultur. Von Blumisten, Kunstgärtnern, Mistbeeten und Pomologien. L&H Verlag, Berlin.

Deutsche Stiftung Denkmalschutz: Marianne Foerster (1931–2010), zitiert nach:

www.denkmalschutz.de/denkmale-erhalten/stiftungseigene-denkmale/wohnhaus-und-garten-karl-foerster/marianne-foerster–1931-2010.html (abgerufen am 28.02.2019).

Dümpelmann, Sonja (2001): Karl Foerster: Vom großen Welt- und Gartenspiel. Hg. von der Staatsbibliothek zu Berlin – Preußischer Kulturbesitz. Berlin.

Duthweiler, Swantje (2014): Historische Pflanzenverwendung – Ein Überblick. In: Dokumentation zur 7. Informations- und Fortbildungsveranstaltung der Reihe „Historische Gärten und Parks in privater Hand“, 20. Oktober 2012 in Koblenz. Hg. vom LVR-Amt für Denkmalpflege. Pulheim-Brauweiler. S. 15–28.

Duthweiler, Swantje (2012): Pflanzenverwendung im Staudengarten der 1930er Jahre. In: Zwischen Jägerzaun und Größenwahn. Freiraumgestaltung in Deutschland 1933–1945. Symposium aus Anlass des 75-jährigen Jubiläums des Landesverbandes Bayern Nord e. V. der DGGL im Jubiläumsjahr 125 Jahre Bundesverband DGGL. Hannover. S. 28–31.
Duthweiler, Swantje (2011): Neue Pflanzen für neue Gärten – Entwicklung des Farbsortiments von Stauden und Blumenzwiebeln und ihre Verwendung in Gartenanlagen zwischen 1900 und 1945 in Deutschland. Dissertation (TU Berlin). Grüne Reihe – Quellen und Forschungen zur Gartenkunst. Wernersche Verlagsgesellschaft, Worms.
Foerster, Eva, Rostin, Gerhard (Hg.) (2009): Ein Garten der Erinnerung. Leben und Wirken von Karl Foerster. Verlag Eugen Ulmer, Stuttgart. 6. Auflage.
Foerster, Marianne (2005): Der Garten meines Vaters Karl Foerster. Hg. von Ulrich Timm. DVA, München.
Freundschaftsinsel Pflanzenführer (2001). Stauden. Rosen. Gehölze. Hg. von der Landeshauptstadt Potsdam.
Heinrich, Vroni (2013): Hermann Mattern. Gärten – Landschaften – Bauten – Lehre. Leben und Werk. Universitätsverlag der Technischen Universität Berlin. 2. Auflage.
Heinrich, Vroni (2011): Lebensräume. Leben und Werk des Architekten für Gärten, Landschaften und Häuser Hermann Mattern 1902–1971. Vortrag für die Stralsunder Akademie für Garten- und Landschaftskultur am 6.6.2011, galerien.stralsunder-akademie.de/2013/schriften/hermann-mattern-architekt-gaerten.pdf (abgerufen am 13.06.2019).
Go, Jeong-Hi (2011): Herta Hammerbacher (1900–1985). Garten als Kleinuniversum, Vortrag für die Stralsunder Akademie für Garten- und Landschaftskultur am 4.6.2012, (galerien.stralsunder-akademie.de/2013/schriften/garten-als-kleinuniversum.pdf (abgerufen am 13.06.2019).
Go, Jeong-Hi (2006): Herta Hammerbacher (1900–1985). Virtuosin der neuen Landschaftlichkeit. Der Garten als Paradigma. Universitätsverlag der TU Berlin.

Go, Jeong-Hi: Karl Foerster & der Bornimer Kreis, karl-foerster-bornimer-kreis.com/ (abgerufen am 1.10.2018)

Iven, Mathias (Hg.) (1995): 3 x Foerster: Beiträge zu Leben und Werk von Wilhelm Foerster, Friedrich Wilhelm Foerster und Karl Foerster. Schibri-Verlag, Milow.

Körner, Irmela (2016): Karl Foerster der Staudenschöpfer. Hg. von der Deutschen Stiftung Denkmalschutz. DSDS Monumente Publikationen, Bonn.

Kreuter, Marie-Luise (2006): Forschungsbericht „Karl Foerster, Züchtungen und Gedanken für die Zukunft", 1978. Hg. von der Foerster-Stauden GmbH. 2. Auflage.

Kühn, Norbert (2018): Karl-Foerster-Garten in Bornim bei Potsdam. Verlag Eugen Ulmer, Stuttgart.

Kühn, Norbert (2012): Landschaftserleben, Pflanzenschönheit und Gartenkunst. Topiaria Helvetica 2012, S. 19–27.

Kühn, Norbert (2011): Neue Staudenverwendung. Verlag Eugen Ulmer, Stuttgart.

Kunst im öffentlichen Raum, Potsdamer Freundschaftsinsel (2016). Hg. von der Landeshauptstadt Potsdam.

Mader, Günter (2006): Geschichte der Gartenkunst. Streifzüge durch vier Jahrtausende. Verlag Eugen Ulmer, Stuttgart.

Mader, Günter (1999): Gartenkunst des 20. Jahrhunderts. Garten- und Landschaftsarchitektur in Deutschland. DVA, Stuttgart.

Martz, Jochen (2015): Farne sind die neuen Gräser. Interview in: Hasselhorst, Christa: Faszination grüne Gärten. Die schönsten Gestaltungsideen mit 50 ausführlichen Pflanzenportraits. Callwey Verlag, München.

Mehliß, Carsten (2012): Karl Foerster – seine Blumen, seine Gärten. Verlag Eugen Ulmer, Stuttgart.

Näser, Konrad (2000): Karl Foerster – eine Würdigung zum 30. Todestag. In: Zandera. Mitteilungen aus der Bücherei des Deutschen Gartenbaus, Berlin, Bd. 15, 2000, Nr. 2, S. 41–54.

Näser, Konrad (1999): Karl Foersters Staudenzüchtungen. Anfang oder Ende einer Entwicklung? In: ISU-Jahrbuch 1999.

Näser, Konrad (1995): Karl Foersters Staudenzüchtungen. Anfang oder Ende einer Entwicklung? In: Iven 1995, S. 222–233.

Porikys, Gunnar (1995): Botschaften des Lichtes. Karl Foerster als Photograph und Visualpädagoge. In: Iven 1995, S. 206–220.

Singhof, Frank (2006): Karl Foersters Buchpublikationen. In: Zandera. Mitteilungen aus der Bücherei des Deutschen Gartenbaus, Berlin, Bd. 21, 2006, Nr. 2, S. 58–80.

Wirth, Günther (1995): „Die Natur und den Menschen ‚zu Wort bringen'. Vom großen Welt- und Gartenspiel in Bornim". In: Iven 1995, S. 180–197.

Wimmer, Clemens Alexander (2018): Karl Foersters Mitarbeiter Emil Pusch. In: Zandera. Mitteilungen aus der Deutschen Gartenbaubibliothek, Berlin, Bd. 33, 2018, Nr. 1, S. 7–15.

Wimmer, Clemens Alexander (2017): „Überaus eigenartig" – 100 Jahre Blütengarten der Zukunft. In: Zandera. Mitteilungen aus der Deutschen Gartenbaubibliothek, Berlin, Bd. 32, 2017, S. 78–90.

Wimmer, Clemens Alexander (2015): Geschichte der Gartenkultur. Von Blumisten, Kunstgärtnern, Mistbeeten und Pomologien. L+H Verlag, Berlin.

Wimmer, Clemens Alexander (2013): Historische Gräserverwendung. Gartenpraxis 8/2013, S. 46–51.

Wimmer, Clemens Alexander (2012): Die Geschichte des Senkgartens. Gartenpraxis 10/2012, S. 40–45.

Wimmer, Clemens Alexander (2006): Karl Foersters Kataloge. In: Zandera. Mitteilungen aus der Bücherei des Deutschen Gartenbaus, Berlin, Bd. 21, 2006, Nr. 1, S. 16–30.

Wolschke-Bulmahn, Joachim (2009): Gärten, Natur und völkische Ideologie. In: Die Ordnung der Natur. Vorträge zu historischen Gärten und Parks in Schleswig-Holstein. Hg. von Rainer Hering. Veröffentlichungen des Landesarchivs Schleswig-Holstein, Bd. 96, Hamburg. S. 143–187.

Das berühmte Anwesen von Karl Foerster in Potsdam-Bornim ist ein Haus der Deutschen Stiftung Denkmalschutz im Eigentum ihrer treuhänderischen Marianne Foerster-Stiftung. Ziel der Stiftung ist es, den Garten und das Wohnhaus authentisch zu erhalten, zu erforschen und für interessierte Besucher zugänglich zu machen. Die Marianne Foerster-Stiftung ist eine von über 240 Treuhandstiftungen unter dem Dach der Deutschen Stiftung Denkmalschutz.

Die Deutsche Stiftung Denkmalschutz ist die größte private Initiative für Denkmalpflege in Deutschland. Sie setzt sich seit 1985 kreativ, fachlich fundiert und unabhängig für den Erhalt bedrohter Baudenkmale ein. Ihr ganzheitlicher Ansatz ist einzigartig und reicht von der Notfall-Rettung gefährdeter Denkmale, pädagogischen Schul- und Jugendprogrammen bis hin zur bundesweiten Aktion *Tag des offenen Denkmals®*. Rund 500 Projekte fördert die Stiftung jährlich, vor allem dank der aktiven Mithilfe und Spenden von über 200.000 Förderern. Insgesamt konnte die Deutsche Stiftung Denkmalschutz bereits über 5.500 Denkmale mit mehr als einer halben Milliarde Euro in ganz Deutschland unterstützen. Doch immer noch sind zahlreiche einzigartige Baudenkmale in Deutschland akut bedroht.

Wir bauen auf Kultur – machen Sie mit!

Mehr Informationen auf
www.denkmalschutz.de
www.marianne-foerster-stiftung.de
www.foerster-garten.de

Spendenkonto
DSD Marianne Foerster-Stiftung
IBAN: DE98 3708 0040 0212 7994 02
BIC: DRES DE FF 370 • Commerzbank AG

Empfehlenswerte Gärtnereien

Hier finden Sie eine Auswahl von Stauden- und anderen Spezialgärtnereien (die Auswahl erhebt keinen Anspruch auf Vollständigkeit):

Foerster Stauden
www.foerster-stauden.de

Ewald Hügin
www.ewaldhuegin.com

Coen Jansen
www.coenjansenvasteplanten.nl

Hans Kramer
www.hessenhof.nl

Dieter Gaißmayer
www.gaissmayer.de

Anja Maubach
www.anja-maubach.de

Gräfin von Zeppelin
www.graefin-von-zeppelin.de

Christian Kress
www.sarastro-stauden.com

Gerhild Diamant
www.stauden-diamant.de

Till Hofmann & Fine Molz
www.die-staudengaertnerei.de

Kräutergärtnerei Syringa
www.syringa-pflanzen.de

Dreschflegel
www.dreschflegel-saatgut.de

Bingenheimer Saatgut
www.bingenheimersaatgut.de/de

Tomaten Melanie Grabner
www.lilatomate.de

Rosen Christian Schultheis
www.rosenhof-schultheis.de

Rosen Reinhard Noack
www.noack-rosen.de

Kakteen Ulrich Haage
www.kakteen-haage.de

Rhododendron und Azaleen
Holger Hachmann
www.hachmann.de

Clematis Manfred Westphal
clematis-westphal.de

Pelargonien Anna Angermaier
www.gaertnerei-angermaier.de

Annemarie Eskuche
www.stauden-eskuche.de

Armand Kremer
www.green-globe.eu

Diana & Johan van Diemen
www.stauden-van-diemen.de

Gärtnerei Schoebel
www.gaertnerei-schoebel.de

Weitere Gärtnereien finden Sie auf folgenden Seiten:

Bund Deutscher Staudengärtner
www.bund-deutscher-staudengaertner.de

Gartenlinksammlung
www.gartenlinksammlung.de

*„Es wohnt den Stauden eine besondere Kraft inne,
Gartenfreunde zu werben
und sie in ein schöpferisches Verhältnis
zum Garten zu setzen."*

Karl Foerster, 1911

Register

Bildquellen

Nicht im Folgenden anderweitig ausgezeichnete Fotos verwenden wir mit freundlicher Genehmigung der Deutschen Stiftung Denkmalschutz/Archiv Haus Foerster. Weitere Fotos stammen von:

Hans Bach: S. 6, 10, 47, 49, 51, 78, 91, 93 o., 93 u., 95 o., 96, 97 o., 97 u., 123, 139
Bauverlag, Berlin: S. 107
botanikfoto/Steffen Hauser: S. 101, 105, 118
Ernst Foerster: S. 67
Dieter Gaißmayer: S. 115, 116
Reimar Gilsenbach: S. 41
Hildegard Jäckel: S. 77
Ferdinand Graf von Luckner: S. 95 u.
mauritius images: S. 120, 121
Antje Peters-Reimann: S. 103, 109, 110, 111
Gary Rogers: S. 121, 125
Tommy Atthi/Shutterstock.com: Buchrückseite
Horst Wiedemann: S. 159

Über die Autorin

Antje Peters-Reimann ist Gartenhistorikerin und Journalistin in Essen und hat sich mit großer Leidenschaft der Geschichte der Gartenkunst verschrieben. In Vorträgen, Büchern, Essays und einem monatlichen Newsletter berichtet sie über bekannte und unbekannte Gärten und ihre Schöpfer und erzählt stets aufs Neue spannende „grüne Geschichten“. Von ihrem lebendigen Schreib- und Vortragsstil lassen sich Leser und Zuschauer immer wieder gern begeistern. „Denn nur wer selbst für die Gartenkunst brennt, kann auch andere mit seiner Leidenschaft anstecken“, sagt die Gartenhistorikerin aus Überzeugung.

Impressum

Die in diesem Buch enthaltenen Empfehlungen und Angaben sind von der Autorin mit größter Sorgfalt zusammengestellt und geprüft worden. Eine Garantie für die Richtigkeit der Angaben kann aber nicht gegeben werden. Autorin und Verlag übernehmen keine Haftung für Schäden und Unfälle. Bitte setzen Sie bei der Anwendung der in iesem Buch enthaltenen Empfehlungen Ihr persönliches Urteilsvermögen ein. Der Verlag Eugen Ulmer ist nicht verantwortlich für die Inhalte der im Buch genannten Websites.

Bibliografische Information der Deutschen Nationalbibliothek
Die Deutsche Nationalbibliothek verzeichnet diese Publikation in der Deutschen Nationalbibliografie; detaillierte bibliografische Daten sind im Internet über http://dnb.d-nb.de abrufbar.

1. Nachdruck 2023
Wollgrasweg 41, 70599 Stuttgart (Hohenheim)
E-Mail: info@ulmer.de
Internet: www.ulmer.de
Lektorat: Melanie Kattanek, Bettina Brinkmann
Herstellung: Gabriele Wieczorek
Umschlag-Gestaltung: Michaela Mayländer, Stuttgart, www.sistermic.de
Satz: r&p digitale medien, Echterdingen
Reproduktion: time:ray Visualisierungen, Jettingen
Druck und Bindung: Neografia, Martin, www.neografia.sk
Printed in Slowakia

ISBN 978-3-8186-0719-7